世界でいちばん素敵な
地球の教室

The World's Most Wonderful Classroom of the Earth

バオバブ街道（マダガスカル共和国）

はじめに

長い年月をかけてヒトは、
いろいろな謎や不思議を明らかにしてきました。
随分と多くの謎に対して、説明や解釈が得られたものです。
人類が知り得た、膨大なデータと貴重な知識、
そして自然のからくり。

偶然の内部から眺める世界は、すべて必然でしょう。
奇跡は、分かってみれば、当然のことかもしれません。

でも、人類が誕生してから、約700万年。
そんなついさっきのことでも、いまだに謎だらけです。
ましてや、46億年の歴史となると、
大部分がヴェールに包まれています。

1つだけはっきりしていることがあります。
それは、得られた知識はほんの一部だということ、
分かったことよりも分からないことの方がはるかに多いということです。

それこそが、この教室の「いちばん素敵な」ことなのです。

素敵な謎を山ほど抱えて、
「地球丸」という名のこの船はどこに行くのでしょう。
さあ、一緒に、そんな地球を巡る探検に出かけてみましょう。

Contents
目次

P 2	はじめに	P46	大陸が昔1つだったというのは本当なの?
P 6	地球はいつ誕生したの?	P50	超美麗!自然現象鑑賞スポット　白い世界
P10	地球は最初どんな姿だったの?		
P14	地球の内部はどうなっているの?	P52	地層からなにが分かるの?
P18	方位磁針はなぜ決まった方向を指すの?	P56	地殻はなにからできているの?
P22	地球の大きさはいつごろ分かったの?	P60	鉱物も岩石の仲間なの?
P26	海の水がなくなることはないの?	P64	地球にはどれくらいの水があるの?
P30	空はどうして青く見えるの?	P68	鍾乳洞はどうやってできるの?
P34	地球全体が氷に覆われていた時期があるというのは本当?	P72	超美麗!自然現象鑑賞スポット　青い世界
P38	地球にはなぜ季節があるの?		
P42	月はどうやって生まれたの?	P74	火山っていったいどんな山?

ミロス島シキア洞窟（ギリシャ共和国）

P78	マグマの活動による自然現象は、ほかにもあるの？
P82	過去に起きた地震の痕跡は残っているの？
P86	太陽の光は海のどこまで届くの？
P90	海の底には、どんな世界があるの？
P94	北極と南極って、どう違うの？
P98	海流はどうやって生まれるの？
P102	波はどうやってできるの？
P106	風はどこから吹いてくるの？
P110	入道雲ってどれくらいの大きさなの？
P114	世界でいちばん多くの雪が降ったのはどこ？
P118	台風の雲はなぜ左巻きなの？
P122	雷の電圧はどれくらいなの？
P126	超美麗！自然現象鑑賞スポット　カラフルな世界
P128	地球の最初の生命はどんな姿をしていたの？
P132	世界で多く採れる化石の種類はなに？
P136	恐竜はどうして絶滅したの？
P140	人類の祖先はどこで生まれたの？
P144	石油や石炭はどうやってできたの？
P148	地球のほかに人が住めそうな星はあるの？
P154	地球史年表
P156	参考文献
P158	写真提供

Q
地球はいつ誕生したの？

国際宇宙ステーションから見た地球の姿。水のある美しい青い星であることが分かります。

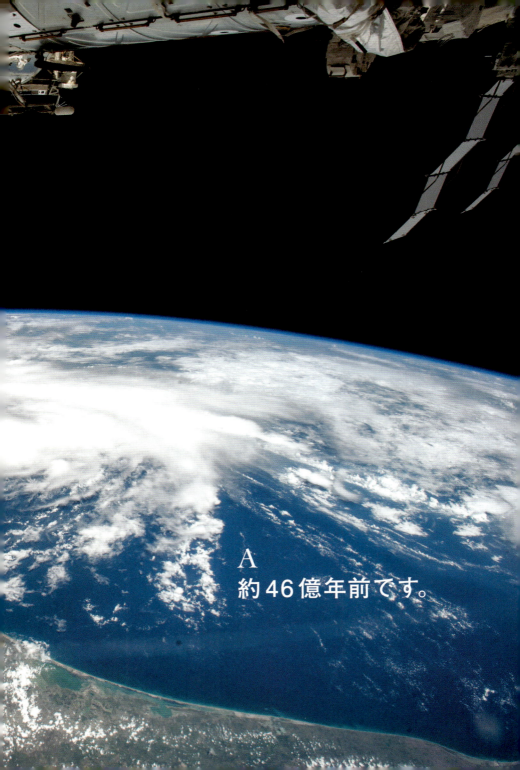

A
約46億年前です。

Q 地球はいつ誕生したの?

私たちの暮らす地球は、ガスやちりから生まれました。

宇宙の誕生は約138億年前のビッグバンによるものとされています。その後、約92億年を経て、生涯を終えたある星が爆発。そのガスやちりのなかから原始太陽が、ついで地球をはじめとする惑星が生まれたと考えられています。

① なぜ地球が46億歳だと分かったの?

A 地球に落ちた隕石の解析によって分かりました。

見つかっている隕石や月の岩石を解析したところ、最も古いものが約46億年前のものであることから、そう推測されています。というのは、地球は微惑星や隕石が集まってできたと考えられているからです。

② 地球はどうやって生まれたの?

A 無数の微惑星が衝突し、合体して生まれました。

原始太陽の周りを回っていたガスやちりが集積して微惑星ができました。その微惑星同士が衝突・合体を繰り返し、8つの惑星が生まれました。そのうちの1つが地球です。8つの惑星は太陽の周りを回っていることから、「太陽系惑星」と呼ばれます。太陽系には、水星・金星・地球・火星・木星・土星・天王星・海王星の8つの惑星と、火星と木星の間に存在する小惑星帯などがあります。

「星間雲」。8つの惑星の生みの親とも言える太陽は、宇宙に漂うガスやちりが集まって生まれました。

素敵な景色や自然現象がたくさんある地球。その誕生の秘密を解明すべく、いまも研究が続けられています。

Q3 太陽系の惑星は すべて地球と同じ構成なの?

A いいえ。大きく3種類に分かれます。

太陽系の8つの惑星は、構成物質によって「岩石惑星（水星、金星、地球、火星）」「巨大ガス惑星（木星、土星）」「巨大氷惑星（天王星、海王星）」の3種類に分類されます。

ハビタブルゾーン
生命が誕生・生存するのに適したエリアのこと。

Q
地球は最初どんな姿だったの?

エチオピアの活火山エルタ・アレ山では、山頂部のカルデラから、沸き立つ溶岩を見ることができます。火口付近の溶岩の温度は1000℃前後に達します。

エルタ・アレ(エチオピア連邦民主共和国)

A
ドロドロに溶けた
マグマの海に覆われた
灼熱の世界でした。

> Q 地球は最初どんな姿だったの?

いまは青いこの星も、
かつては真っ赤な星でした。

誕生したばかりの地球には、微惑星や隕石が頻繁に衝突し、その際の巨大なエネルギーで表面はドロドロに溶けた状態だったと考えられています。この灼熱の海を「マグマオーシャン」と呼びます。衝突による熱や水蒸気の温室効果によって、地表の温度は1200℃を超えていたと言われます。

Q 地球を覆っていたマグマの海はどこに消えたの?

A 地殻の一部になりました。

微惑星が衝突を繰り返し、太陽系の各所で惑星が成長。やがて地球と衝突する微惑星が減ってくると、地表の温度が少しずつ下がり、マグマが固まって地殻の一部となりました。そこへ大気中の水蒸気が雨になって降り注ぎ、海も誕生したのです。

フランス領レユニオン島のピトン・ドゥ・ラ・フルネーズの噴火。大気中の水蒸気が雨となってできた初期の海は、地球に再び微惑星が衝突したことで、地表が炎に包まれ、一度消滅したと考えられています。

ヒマラヤ山脈は地殻変動によって隆起し、やがて地球上で最も標高の高い地域となりました。

② 陸地はいつできたの？

A およそ42億8000万年前です（諸説ありますが……）。

地球ができてから、5億年くらいの間に、いつなにが起きたのかは、ほとんど分かっていません。はっきりした証拠がほとんど消え去っているか、見つかっていないからです。しかしこの間に、地表のマグマが冷やされ、固化することによって最初の陸地ができたと考えられています。

③ 地殻の厚さはどれくらい？

A 最大で70kmくらいです。

地殻は海洋地殻と大陸地殻に分かれています。海洋地殻は主に玄武岩からなり、海洋底に約7kmのほぼ一様な厚さで広がっています。一方、大陸地殻は、主に花崗岩からなり、約30〜70kmと厚く、変化に富んでいます。玄武岩質マグマから火山ができ、海洋が形成され、また花崗岩の塊が浮き上がってきて、次第に陸地と海洋が形作られていきました。陸地は、成長・分裂を繰り返しながら、少しずつ巨大化して、30億年前には最古の大陸に、27億年前には超大陸となりました。

古代の地殻がむき出しになったギアナ高地最大のテーブルマウンテン。

Q
地球の内部は
どうなっているの?

周囲を溶岩台地に囲まれたブルーラグーンは、アイスランドの首都レイキャビクの南西約 40km に位置する世界最大の露天風呂です。

ブルーラグーン（アイスランド）

A
中心から外側に向かって、
核(内核・外核)・マントル・地殻の
3層構造になっています。

Q 地球の内部はどうなっているの？

地球の内部構造は卵と似ています。

地球の構造は卵にたとえると分かりやすいでしょう。黄身にあたる核は、鉄やニッケルなどの金属、白身にあたるマントルと殻にあたる地殻は岩石でできています。ちなみに、マントルが地球の体積のおよそ8割を占めています。

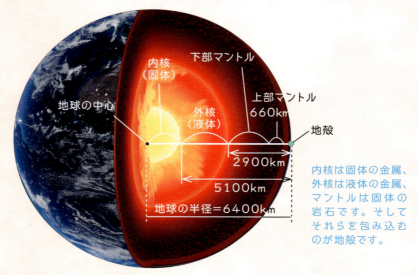

内核は固体の金属、外核は液体の金属、マントルは固体の岩石です。そしてそれらを包み込むのが地殻です。

① 地球の内部はどれくらいの温度なの？

A 最も高温の内核で約5500℃です。

内核の温度は太陽の表面温度とほぼ同じです。マントルは1000℃から3000℃で、地球の内部は中心に向かって高温になっています。中心温度は地球誕生のときから現在までに約500℃低下していますが、地球が火星のように活動を停止して内部が冷え切るのはまだまだ先となりそうです。

② マントルとマグマはどう違うの？

A マントルは固体の岩石、マグマはマントルの一部が溶けて液体(溶融体)になったものです。

地殻の下にあるマントルは、高温のかんらん岩やペロブスカイトなどでできています。マントルの一部が高温のまま地表に向かって上昇すると、マントルにかかっていた圧力が下がります。圧力の低下とともに水を含むことで、マントルは溶けてマグマになるのです。

エトナ山（イタリア）の噴火。マグマは、地球の表面に出ると溶岩になります。

Q3 マントルは動いているの？

A ゆっくりと動いています。

マントルは地球内部で動いており、これを「マントル対流」と言います。マントルの動きは、非常にゆっくりで、1年に1～10cm程度のスピードです。このマントルが対流することで火山噴火や地震が起こるなど、地表にも大きな影響が出てきます。

★COLUMN1★
マントルまで掘ることはできるの？

2017年9月にハワイ沖で事前調査を実施！

現在、日本が誇る地球深部探査船「ちきゅう」によるマントル掘削プロジェクトが計画されています。「ちきゅう」は巨大地震発生のメカニズムや生命誕生の謎などを解くために、地殻の中を調査しています。2020年には上部マントルに到達する予定で、マントルの岩石を採ることができれば、地球の構造や、地球上のさまざまな現象の成り立ちを知る手がかりになると期待されています。

「ちきゅう」は世界初のライザー式科学掘削船です。掘ったときに出る泥や水がパイプの中を循環する仕組みのことをライザー式と言います。

Q
方位磁針はなぜ決まった方向を指すの？

オーロラは、太陽風の粒子が地球の磁場に沿って移動し、大気圏内の酸素や窒素とぶつかることで発生します。

アラスカ（アメリカ合衆国）

A
地球が巨大な磁石だからです。

オーロラが発生するのは、地球に磁場があるからです。

Q 方位磁針はなぜ決まった方向を指すの？

地球に磁極があるのは
ダイナモ理論のおかげです。

地球の自転で、地球内部（外核）の溶けた鉄が動くことによって電流が発生します。この考えを「ダイナモ（発電機）理論」と言いますが、この電流の働きによって、地球全体が磁気（地磁気）を持つのです。つまり、地球を南極がN極、北極がS極の巨大な磁石と考えることができるのです。ちなみに、過去にはN極とS極が入れ替わっていた時期もあります。

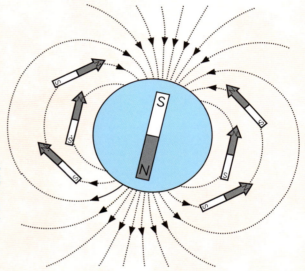

地球の磁極は北極側がS極、南極側がN極になるため、方位磁針はN極が北を、S極が南を指します。

昔の地磁気がなぜ分かるの？

A 溶岩に痕跡が残っているからです。

溶岩には鉄鉱物が含まれており、固まるときの磁気の方向がそのまま溶岩に残ります。その磁気の性質を調べることで、溶岩が冷えて鉱物が固定された時代の磁場の強さや向きが分かるのです。

地球に磁場がなかったらどうなっていたの？

A 強烈な太陽風が地表に届いてしまいます。

磁場は地表の環境を太陽風から守ってくれています。太陽風は、太陽から出る放射線のことで、地表に届くと、地球上の生物は生きていられません。ちなみに、地球のこの磁場は100年に5％の割合で弱くなっていると言われています。

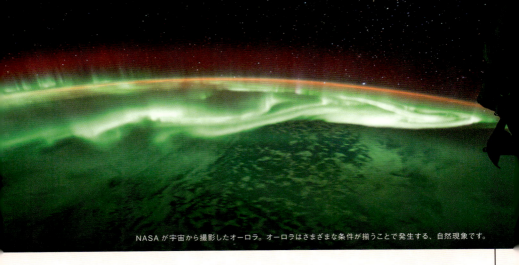

NASAが宇宙から撮影したオーロラ。オーロラはさまざまな条件が揃うことで発生する、自然現象です。

オーロラはなぜ発生するの？

A 太陽風が大気圏の酸素や窒素とぶつかることで発生します。

磁場に沿って移動した太陽風の粒子が、大気圏の酸素や窒素とぶつかることによってオーロラは発生します。太陽風が磁場のバリアを避けて大気圏に入り込みやすい場所が北極圏や南極圏なので、これらの地域でオーロラが観測されるのです。オーロラは惑星に磁場があれば発生するので、地球だけではなく、木星や土星でも見られます。

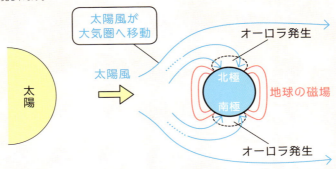

★COLUMN2★
北と南が逆になる!?

南極がS極、北極がN極だった時代も!

地球の磁場のS極とN極は、過去360万年の間に11回逆転していたことが分かっています。磁場の逆転は地殻活動が不活発なときに起こり、そのペースは1万年だったり50万年だったりと不規則です。この磁場の逆転も火山岩を調べることで分かった事実です。

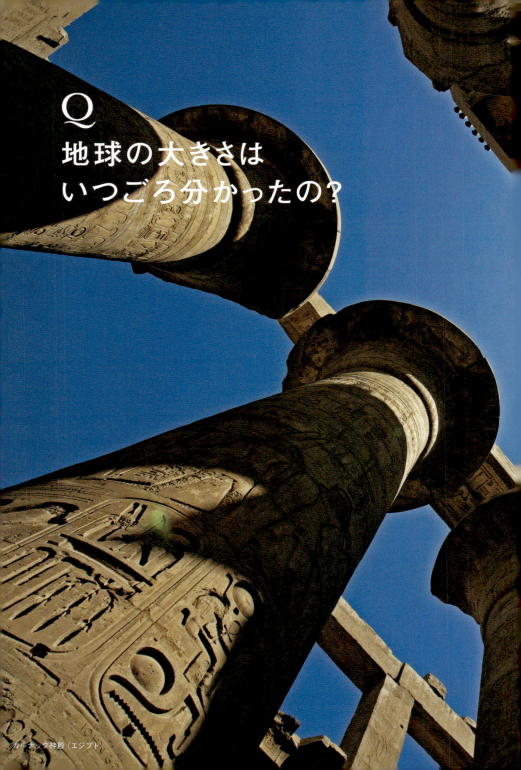

Q
地球の大きさは
いつごろ分かったの？

カルナック神殿（エジプト）

A
紀元前200年頃、
プトレマイオス朝のエジプトで
測定した記録が残っています。

Q 地球の大きさはいつごろ分かったの？

大きい惑星だから
地球はまるくて水がある。

地球は、赤道上の1周と、極地を結ぶ1周で長さが異なります。前者は4万53km、後者は4万9kmです。また、地球の直径は約1万2700km、表面積は約5億1000万km²、重さは6000000000兆tです。

地球は楕円形です

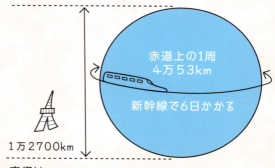
赤道上の1周 4万53km
新幹線で6日かかる
1万2700km
直径は東京タワーの4万個分
重さは月の80個分
表面積は日本列島の135個分

どうして地球はまるいの？

A 球形が最も安定する形だからです。

微惑星との衝突を繰り返すなかで、地球にあらゆる方向から同じ圧力がかかった結果、自然界で最も安定する球形になったと考えられています。しかし、小惑星には球形でないものも多くあります。

地球は赤道直径が約1万2714km、極直径が約1万2700kmで、わずかに扁平な球形です。

小惑星イトカワ。大きさ約535m×294m×209mの小惑星で、球形になる重力がないので、いびつな形をしています。

② 太陽系の惑星のなかで、なぜ地球にだけ液体の水があるの？

A 地球が「水が液体で存在できるような太陽からの位置」の範囲内にあるからです。

宇宙で生命が誕生・生存するのに適した場所・環境・領域のことをハビタブルゾーンと言います。水が液体のまま存在できる範囲でもあります。太陽系惑星のなかでは地球と火星がハビタブルゾーンに含まれていますが、火星は小さすぎて重力が小さく、大気を保てず水が凍ってしまいました。また太陽に近いほかの岩石惑星では、太陽の熱の影響などで蒸発してしまったため、液体の水がありません。

豊かな水量を誇るベトナム最大級の滝、バンゾックの滝。地球が水に恵まれた惑星であることが分かる絶景の1つです。

★COLUMN3★

地球はまるいと知っていた古代ギリシャ人

地球がまるいことが事実上証明されるのは、マゼランらの世界周航を待たねばなりませんでしたが、じつは紀元前2世紀のヘレニズム、古代ギリシャの時代、博物学者であったギリシャの哲学者エラトステネスが、地球がまるいことを証明しています。赤道付近のエジプトの町シエネにて夏至の日の正午、地面に垂直に立っている柱に影がないことから、太陽が真上にあるのを確認します。同じ日の同じ時間に北へ800km離れたアレキサンドリアの柱には短い影ができていたことから、幾何学の定理を使って地球が球体であると結論づけ、さらに全周長が4万kmであると割り出しました。現在、赤道上の全周長は4万53kmと計算されていますから、驚くべき正確さです。

エラトステネス

Q
海の水が
なくなることはないの？

シパダン島〔マレーシア〕

A
ありません（少なくともしばらくは）。

一定の量の水が、地球の循環システムのなかで保たれています。

Q 海の水がなくなることはないの？

地球の水は海と大気を絶えず循環しています。

海の水の量は、地球に海ができたときからほとんど変わっていません。蒸発した海の水は、雨や雪となって再び海に戻ってくるからです（地上に降った雨や雪も川などを経て最終的には海に戻ります）。つまり、地球の水は絶えず循環しているのです。

① 海の水はどうして塩辛いの？

A 多くの塩が溶けているからです。

地球がマグマオーシャンになるころ、衝突した微惑星に含まれていた二酸化炭素や窒素などが大気中に放出されました。大気には塩素や硫黄も混じっていたので、やがて地表に降り注いだ雨は強酸性でした。強酸性の雨水が、地表の岩石からナトリウムやマグネシウム、カリウムなどを溶かし、これらの物質が酸性の雨と混じり合うことで塩（塩化ナトリウムや塩化カリウムなど）が生まれ、海水に流れ込んだため、海は塩辛くなったのです。

② 海水にはどれくらいの塩が溶けているの？

A 海水をすべて蒸発させると、厚さ88mの塩の層が地球全体を覆うほどになります。

海水にはたくさんの量の塩が含まれているように感じますが、塩分はたったの3.5%です。このことからも海水量がいかに多いかが理解できます。

イオニア海にあるギリシャ領ザキントス島。ナヴァイオビーチは、世界でも有数の美しい海岸として知られています。

「磯の香り」の正体は?

A プランクトンなどの海棲生物の死骸です。

プランクトンや海藻などが死ぬと、磯臭さの原因である硫化ジメチルが発生します。日本の海にはプランクトンが豊富なため、磯の香りが強いのです。一方、南国の海はプランクトンが少なく、そのような臭いはあまり発生しません。

プランクトンが多い日本の海は、栄養が豊富で魚もたくさん生息しています。牛根麓漁港（鹿児島県）。

★COLUMN4★

ウユニ塩湖の伝説

ウユニ塩湖はボリビアの中央西部にある世界最大の面積を持つ塩原ですが、近くにあるトゥヌパ火山にちなんだこんな伝説があります。かつてトゥヌパという美しい女性がいました。トゥヌパはクスコという男性と結婚しましたが、夫のクスコがコスニャという女性に惹かれ、裏切られてしまいます。その後、この地にやって来たトゥヌパが最後の出産をしたときに、多くの涙を流し、彼女の胎内から出た乳液がこのウユニ塩湖となったのです。

ボリビアのウユニ塩湖。雨季には水面に雲の形がはっきりと映り、「天空の鏡」と言われています。

Q 空はどうして青く見えるの?

ザ・ウェーブ（アメリカ合衆国）

A
光の散乱によって
青く見えます。

地球の大気が、太陽の光を散乱させることで
空は青く見えます。

Q 空はどうして青く見えるの？

空が青く見えるのは大気のおかげです。

太陽光(白色光)は7色の光が混じり合ってできています。どの色も大気中の空気の粒子によって散乱しますが、青い光が最もよく散乱するため、空は青く見えるのです。雨が降った後の水滴に太陽光が当たると屈折し、すべての色を分光して、散乱します。こうして7色の虹が現われるようになります。

① 空気はなにからできているの？

A 主に窒素(約78%)と酸素(約21%)からできています。

空気は、地球の大気圏の大部分を構成している気体です。空気は地上100kmくらいから急激に薄くなります。地球誕生以来、酸素の体積量は変化を続けており、約25億年前は現在の10万分の1しかありませんでした。それが光合成を行なうシアノバクテリアの繁栄に伴って、約24億5000万年前に急増し、大気が酸素で満たされるようになったのです。

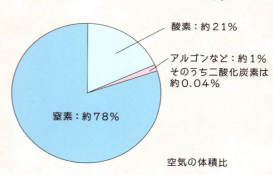

酸素：約21%
アルゴンなど：約1%
そのうち二酸化炭素は約0.04%
窒素：約78%

空気の体積比

② 地上から上空何kmまでが大気圏なの？

A 地上約800kmまでです。

大気圏は、地表から上空に向かって、対流圏(0-11km)、成層圏(11-50km)、中間圏(50-80km)、熱圏(80-800km)に分けられています。それより外側を外気圏(800-約10000km)と呼びます。

カーマン・ライン
高度100kmに引かれた仮想のライン。これより上を宇宙空間と定義することもあります。

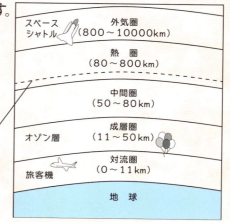

スペースシャトル
外気圏(800～10000km)
熱圏(80～800km)
中間圏(50～80km)
オゾン層
成層圏(11～50km)
旅客機
対流圏(0～11km)
地球
大気圏

水滴に太陽光が当たって屈折し、分光・散乱して生じた虹。写真はヴィクトリアの滝（ジンバブエ共和国／ザンビア共和国）。

Q3 空気はどうして宇宙空間に広がらないの？

A 地球の重力に引っ張られているからです。

生命にとって不可欠な空気は、地球から離れるほど薄くなります。宇宙空間は無重力なので、空気は一定の場所に留まることができません。

宇宙遊泳を行なう宇宙飛行士。

Q
地球全体が
氷に覆われていた時期がある
というのは本当?

A
本当です。

海と陸のすべてが氷に覆われ、
凍結していたことがあります。

Q 地球全体が氷に覆われていた時期があるというのは本当?

青い地球が白い時代もありました。

いまから約7〜6億年前、光合成を行なうシアノバクテリア（藍藻類）の繁殖によって大気中の二酸化炭素が減り、地球の温室効果が失われました。その結果、急速に寒冷化して、南極と北極の氷床が地球全体に広がったと考えられています。これを全球凍結や雪球地球（スノーボールアース）と言います。全球凍結は、このときに2度、それ以前の23億年前頃にも1度あったと考えられています。

NASAが制作した全球凍結後の地球のCG。

① 全球凍結の時代、生物はどうしていたの?

A 多くの生物が死滅しました。

地球に降り注ぐ太陽エネルギーの60％以上が白い氷に跳ね返され、生物のほとんどが死滅したと考えられています。しかし、深海の熱水噴出孔の近くや、火山活動で氷が溶けた場所などで、生き延びた生物もいました。

② 地球全体を覆っていた氷はどうやって溶けたの?

A 二酸化炭素が増加し、温暖化が進んだことにより溶けました。

1000mにもおよぶ厚さの氷の下でもマグマは活動していました。マグマに溶け込んだ火山ガスが氷の割れ目から地上へと放出され、二酸化炭素が大気中に蓄積。温室効果によって気温は上がり、氷が溶け、やがて地表の温度は50℃にもなったと考えられています。全球凍結から数百万〜数千万年後のことです。

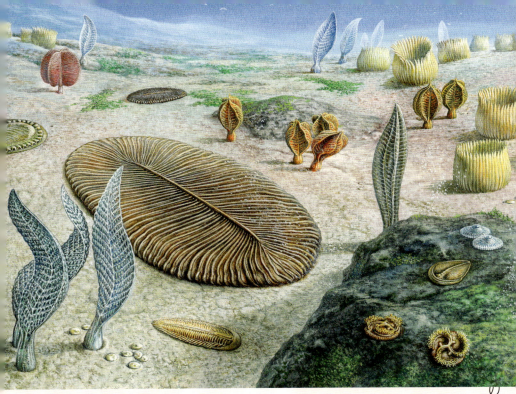

約7～6億年前の全球凍結時代が終わると、殻を持たない無脊椎動物が大量に繁殖しました。

Q3 全球凍結を終えた地球はどうなったの？

A 軟体動物の楽園になりました。

最後の全球凍結が終わった5億8000万年前に、数cmから2mにおよぶ、葉のような扁平な形の生物や軟体動物に似た生物が多く誕生したと考えられています。捕食・被食の関係がないのが特徴で、これらの殻を持たない無脊椎動物の化石が、オーストラリア南部の丘陵で最初に見つかり、「エディアカラ動物群」と呼ばれています。南極以外のすべての大陸からエディアカラ動物群の化石が発見されています。

Q4 エディアカラ動物群は何を食べていたの？

A 食べていませんでした。

食べなくても生きていけます

皮膚を通して代謝を行なっていたとも、体に大量の光合成生物を寄生させて共生していたとも言われます。また、海中の有機物を集め、呼吸していたとも言われます。

Q
地球にはなぜ季節があるの？

海津大崎の桜と朝焼けの風景。海津大崎には樹齢80年を超える老桜から若木まで約800本のソメイヨシノが咲き誇り、「日本のさくら名所100選」にも選ばれています。
海津大崎の桜（滋賀県）

A
地球の自転軸が傾いているからです。

地球は、自転軸が傾いた状態で太陽の周りを公転しているため、同じ場所に当たる太陽光の量は時期によって変化します。

Q 地球にはなぜ季節があるの？

23.4度の地軸の傾きが季節をもたらしました。

地球は、公転軸に対して自転軸が23.4度傾いているため、公転上の位置によって太陽の高さと光の当たる時間が変わり、その結果、季節の変化が生じます。日本の豊かな四季は23.4度の傾きの賜物なのです。

① 地球の自転軸はなぜ傾いているの？

A 微惑星がぶつかった衝撃で傾いたと考えられています。

同じ太陽系の惑星である天王星は、2回の連続的な微惑星の衝突によって、自転軸が約98度傾き、ほぼ横倒しの状態で自転をしています。

② もしも傾きが23.4度でなかったら？

A 生命が誕生しなかったかもしれません。

太陽光の当たる量と時間が変わると、氷床のできる位置が変わります。海流の動きも変わります。半年ごとに極寒から灼熱に変わるなど、季節の変動が大きくなる可能性もあります。生態系も大きく変わり、過酷な環境のなかで、生命は進化する余裕すら与えられなかったかもしれません。

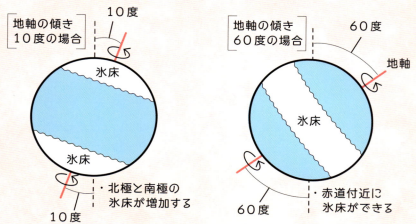

たとえば、地軸の傾きが10度であれば北極と南極の氷床が増加し、60度であれば赤道付近に氷床ができると考えられています。

時期によって、太陽と向かい合う面が変わることにより、日照量が変化し、季節が生まれます。

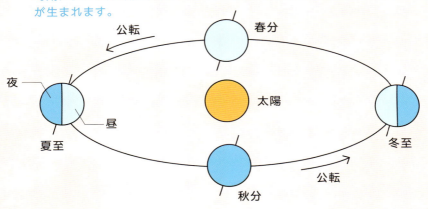

Q3 地球の自転の速さはどれくらい？

A 日本付近では時速1400kmほどです。

地球は、約23時間56分4秒で1回転します。自転速度は緯度が低いほど速く、赤道付近では時速1670kmほどです。高緯度の極地よりも、低緯度の赤道付近のほうが時間あたりの移動距離が大きくなるからです。猛スピードで回転していても人間をはじめとするあらゆるものが地球から振り落とされないのは、地球が重力で引っ張ってくれているから。また、動いていることを感じないのは、慣性が働いているからです。新幹線の最高速度がおよそ時速280kmなので、日本付近では新幹線の約5倍の速さで自転していることになります。

赤道付近では地軸の傾きの影響が少なく、太陽は年中、真上に位置します。ガラパゴス諸島のような赤道上の場所では季節の変化がありません。

Q 月はどうやって生まれたの?

イギリス南部のドーセット州パーベック島のコーフカッスル村に立つ石造りの城を満月が照らします。

コーフ城（イギリス）

A
地球に衝突した
巨大天体から
生まれたという説が
あります。

Q 月はどうやって生まれたの？

月の誕生の秘密は、裏側にあるかもしれない。

月の誕生には多くの説があります。なかでも地球に巨大天体がぶつかり、その破片が集まって生まれたという「衝突説」が有力です。この天体には「ティア」という名前も与えられました。ほかにも、地球と別の場所で生まれ、地球の重力に捕らえられた「捕獲説」、地球から飛び出した「分裂説」、地球の周りで独立して生まれた「双子説」などがあります。最近では、小さな天体が地球に何度もぶつかり合体してできた「複数衝突説」なども提唱されています。しかし、月誕生の経緯は依然として謎に包まれている部分が多いのです。

月はどうして地球の周りを回っているの？

A 地球の引力に引っ張られているからです。

地球の引力圏に留まった理由は、月の生まれ方に関する説によって異なります。たとえば衝突説の場合、地球にぶつかった天体が、弾き飛ばされたものの、引力圏を抜けられずに、地球の周りを公転するようになったと考えられています。現在、地球と月の距離は平均約38万kmですが、年に3.8cmずつ地球から離れつつあります。

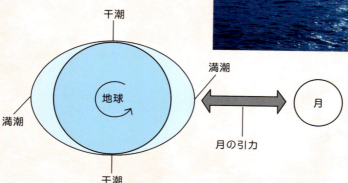

三重県の二見興玉神社の夫婦岩と沖合いに浮かぶ月。

潮の満ち引きは主として月の引力により起こるものです。月が頭上にくると海面は月の引力によって膨張し、同時に反対側も遠心力によって満潮となります。

Q2 どうして地球から月の裏側は見られないの?

A 月の自転周期と公転周期が同じ約27.32日だからです。

この現象は同期自転といい、太陽系の惑星の大部分の衛星にも見られます。そのため、月は地球にいつも同じ面を向けています。地球側を向いた面の30%は、溶岩に覆われた「海」と呼ばれる部分が占めていますが、月面探査機による調査の結果、地球と逆側の面には「海」が2%ほどしかなく、大部分がクレーターで、起伏が激しいことが明らかになりました。この特徴は、月の成因を解く鍵として注目されています。

月のクレーター。月の表面は大部分がクレーターで覆われています。

Q3 スーパームーンって何が「スーパー」なの?

A 地球から見た月の大きさや明るさがスーパーなのです。

月が地球の周りを公転する軌道は楕円形で、月は地球に接近したり遠ざかったりを繰り返しています。最も近いときで約36万km。このときに地球から月が大きく明るく見えるので「スーパームーン」と言われます。逆に最も離れるときは約41万kmになります。

★COLUMN5★

天体ショー「日食」

月が地球の周りを公転するときに、太陽面の一部または全部を隠してしまう現象を、「日食」と言います。「皆既食」のときには、普段見られないコロナやプロミネンスを観察することができ、自然科学の研究にも大きく貢献してきました。太陽の一部が隠れた状態を「部分食」、地球と月の距離が離れていて月が太陽面の内部に入った状態を「金環食」と言います。日食は朔(新月)のときに起こり、望(満月)のときに地球の影が月を隠す現象を「月食」と言います。

2017年8月21日11時29分30秒(現地時刻)、アメリカ合衆国アイダホ州スタンレイ郡にて撮影された皆既日食。

Q 大陸が昔1つだったというのは本当なの?

世界最高峰のエベレストは、ユーラシア大陸とインド亜大陸が衝突することで隆起して誕生しました。

エベレスト〈ネパール連邦民主共和国 中華人民共和国〉

A
本当です。

約2億年前には「パンゲア」という超大陸がありました。

> Q 大陸が昔1つだったというのは本当なの？

その昔、世界は
1つの巨大な大陸でした。

長い時間軸で見ると、大陸は離合集散を繰り返しています。陸地が集まった大陸を「超大陸」と呼び、約3～2億年前には「パンゲア」という超大陸が存在しました。パンゲアの前にも超大陸が形成されたことがあったとされ、最初の超大陸は約27億年前の「ケノーランド」と呼ばれ、その後にも、「ヌーナ（約18億～13億年前）」「ロディニア（10億～7億年前）」などが知られています。

ヌーナ超大陸
（約18億～13億年前）

ロディニア超大陸
（約10億～7億年前）

パンゲア超大陸
（約3～2億年前）

海の湿気が届かない内陸部では高温になり、乾燥化が進んで砂漠が広がっていたと考えられています。

⏻ 大陸が動いていることは、なぜ分かったの？

A 海岸線の一致や生物の分布などから分かりました。

1910年頃、ドイツの気象学者アルフレッド・ウェゲナーは、現在の南アメリカ大陸の東側とアフリカ大陸の西側の海岸線同士が、パズルのようにきれいに重なることに着目しました。その後、現生のカタツムリや古生物の生息域、氷河の分布が海洋を隔てて重なっていることを証明し、「大陸はかつて繋がっていた」と主張。これが大陸移動説です。発表当時でこそ受け入れられませんでしたが、1950年代以降に「プレートテクトニクス理論」が認められ、大陸移動説が受け入れられるようになりました。

恐竜滅亡後に登場した恐鳥類のディアトリマは、体高2mに達する巨大な鳥です。その化石は、大西洋によって隔てられる北アメリカとヨーロッパから出土し、大陸移動の跡を示しています。

Q2 「プレートテクトニクス理論」をもう少し教えて！

A 地球に起きる現象をプレートの動きによって説明する理論です。

地球の表面は数十個の堅い「プレート」によって隙間なく覆われています。このプレートが互いに「ぶつかり合う」「遠ざかる」「横に滑る」などといった相対運動を行なうことによって、プレート同士の境界付近でさまざまな地学現象が引き起こされるという理論です。

★COLUMN6★

未来の大陸―2億年後の地球は？

絶えず動くプレートの影響で、現在の大陸も、これから形を変えていくことが分かっています。2億～2億5000万年後には、再び巨大な超大陸ができると予想されています。どのような大陸になるかは議論が分かれていますが、その中のひとつ、パンゲア・ウルティマ説では、アフリカ大陸がヨーロッパに衝突し、南北アメリカ大陸がアフリカ大陸にくっつくとされています。日本は朝鮮半島と合体して大きな半島になり、南極大陸とオーストラリア大陸が東アジアのほうに迫って合体し、インド洋は陸地に囲まれた大きな内海になると言われています。

超美麗！
自然現象
鑑賞スポット

白い世界

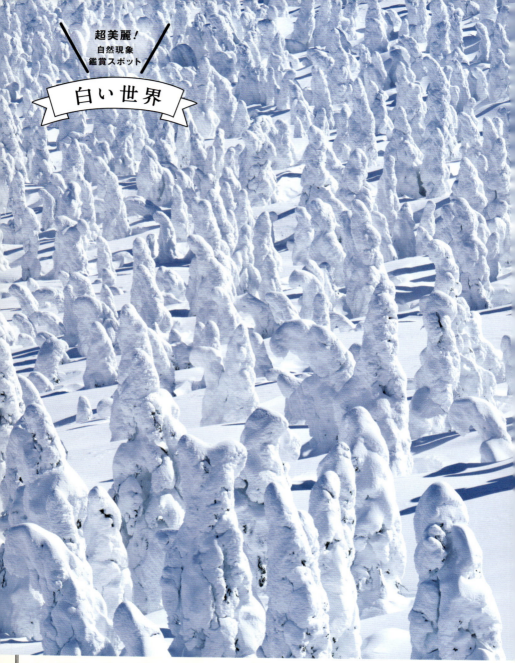

蔵王の樹氷（山形県）

「樹氷」は、樹木の枝などに雪や氷が吹きつけられることによって現われる自然現象。風が吹いてくる方向に成長するのが特徴で、「アイスモンスター」と呼ばれています。気温が−5℃以下で、風が強く吹きつけるなどの条件が揃ったときにだけ見られる現象です。

大津海岸のジュエリーアイス(北海道)

豊頃町(北海道)の十勝川河口では、海に流れ出た河口付近の氷が、波により角が取れて丸みをおび、再び河口に戻ってくることがあります。海岸が宝石のような氷で埋め尽くされることから、「ジュエリーアイス」と呼ばれます。

ニューメキシコ・トゥラロサ盆地の雪花石膏(アメリカ合衆国)

「ホワイトサンズ」と呼ばれるこの白い砂漠を構成しているのは、雪花石膏(アラバスター)という鉱物です。雨などで溶けた石膏が平地を覆うように積もり、乾燥して白い砂漠になりました。

Q
地層から
なにが分かるの？

須佐ホルンフェルスは、砂岩と頁岩の互層が、1400万年前にマグマの熱によって変成されて生まれました。

須佐ホルンフェルス（山口県）

A
地層ができた年代や
その地域の環境の変化
などが分かります。

Q 地層からなにが分かるの？

地層は、過去を伝える
タイムカプセルです。

地層は、古い年代の岩石や土の上に、新しい堆積物が積もることで形成されます。その構成物を調べることによって、過去の火山活動や自然災害、特定の年代に繁栄していた生物の種類などを明らかにすることができます。つまり、地層は地球の歴史についてさまざまなことを教えてくれるのです。

Q 地層はなぜ縞々(しましま)になるの？

A 積み重なっている岩石や砂などの大きさや種類が層ごとに異なるからです。

地層は、海の底などに積もったものが、地殻変動によって、地上に現われることもあります。火山の噴出物、海や湖に降り積もった堆積物、川から流れてきた石や砂、生き物の遺骸などが雑多に混ざり、長い年月をかけてできます。ヒマラヤ山脈やグランド・キャニオンのような陸地の地層から、海の生物の化石が見つかるのは、かつてそこが海だった証拠です。

地層からさまざまなことが分かります

火山灰
火山の噴火があった

丸い石
河原があった可能性が高い

植物の化石
近くに森林があった可能性が高い

貝や魚の化石
その種類によって海だったか、湖だったかなどが分かる

クレタ島（ギリシャ共和国）の褶曲。ゆがんだ縞模様は、水平だった地層に左右から強い力が加わることでできます。

アメリカのアリゾナ州に位置するグランド・キャニオンでは、先カンブリア時代（～約5億4100万年前）からペルム紀（約2億9900万年前～約2億5200万年前）までの地層の重なりを見ることができます。現在見えているグランド・キャニオンの地層は、新しいものでもおよそ2億5000万年前のもの。それ以降の地層は、乾燥した気候による風化や雨による侵食によって削られてしまいました。約5億4000万年前の地層からは三葉虫の化石が見つかっており、そこが大昔、海であったことを物語っています。

★COLUMN7★

千葉が世界的な地質年代の名前になる!?

77万年前の地層がむき出しになった千葉県市原市の地層。

いまから約77万～12万6千年前の地質年代を「チバニアン」と名付けるかどうか、世界的に議論されています。この名称の由来は日本の千葉県。千葉県市原市にある地層の性質から、約77万年前に地磁気の最後の逆転があったことがはっきりと分かったのです。もし「チバニアン」が採用されれば、世界共通の地質年代に日本の地名が初めてつくことになります。

測定されたデータの部

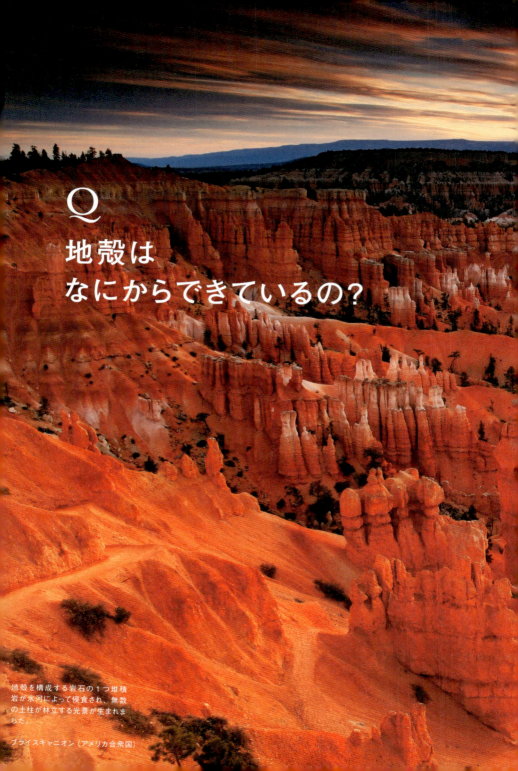

Q
地殻は
なにからできているの?

地殻を構成する岩石の1つ堆積岩が氷河によって侵食され、無数の土柱が林立する光景が生まれました。

ブライスキャニオン（アメリカ合衆国）

A
岩石です。

岩石は、「堆積岩」「変成岩」「火成岩」の3つに分類できます。

Q 地殻はなにからできているの？

地球の広大な大地は、マグマから生まれました。

さまざまな岩石が、風化や侵食作用によって細かくなったものを「砕屑物」と呼びます。「堆積岩」は、砂や泥のような砕屑物が堆積作用により固まったもの、「変成岩」は堆積岩が岩石の圧力やマグマの熱によって、性質が変化(変成作用)してできたものです。
変成作用が進むと、その一部は溶けてマグマとなります。マグマが冷えて固まった岩石が「火成岩」で、地球の表面を覆う地殻の50％以上が、この火成岩からできています。

陸地と海の底は同じ地殻なの？

A 違います。
同じ火成岩ですが、大陸地殻は主に「花崗岩」、海洋地殻は主に「玄武岩」で構成されます。

マグマが深いところで固まると「花崗岩」などの「深成岩」となり、浅いところや地表に飛び出して固まると「玄武岩」などの「火山岩」となります。花崗岩は長石や石英などの無色鉱物からなり、全体的に白っぽく見えます。玄武岩は、かんらん石や磁鉄鉱などの有色鉱物を多く含み、全体的に黒っぽく見えます。

火成岩	火山岩	流紋岩 (花崗岩と同じ成分)	安山岩 (日本の多くの火山をつくる溶岩)	玄武岩 (海洋地殻をつくる)
	深成岩	花崗岩 (大陸地殻をつくる)	閃緑岩 (安山岩と同じ成分)	斑れい岩 (石材としてよく使われる)

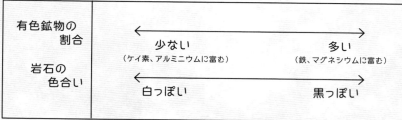

58

アメリカ合衆国アリゾナ州のバリンジャー・クレーターは、約5万年前に地球に衝突した直径約20〜30mの隕石によって形成されたクレーターです。

② 岩石に水が含まれているって本当?

A 本当です。

火成岩をつくるマグマにはかなりの量の水が含まれています。マグマの水は、水蒸気や温泉として地表にも出てきますが、地中でマグマが固まるときに、かなりの量の水が、鉱物や岩石に閉じ込められるのです。

③ 隕石っていったいなに?

A 宇宙にある固体物質が惑星の表面に落下してきたものです。

これまで、地球には約2万個の隕石が報告されていて、全体の95.5%が石質隕石、4%が鉄隕石、0.5%が石鉄隕石です。隕石の多くはおよそ45億年前にできたもので、太陽系や惑星が形成された当時の物質であろうと推定されています。

キャニオン・ディアブロ隕鉄、アメリカ合衆国アリゾナ州で採取されたバリンジャー・クレーターに由来する鉄隕石。標本の全長は66mmです。

Q 鉱物も岩石の仲間なの？

石膏の巨大結晶が林立し、クリスタル洞窟の名で知られるナイカ鉱山。本来は鉛・亜鉛・銀などを産出する鉱山でした。
クエバ・デ・ロス・クリスタレス（メキシコ合衆国）

A
何種類かの「鉱物」が組み合わさったものが「岩石」です。

Q 鉱物も岩石の仲間なの？

地球の活動によって永遠の輝きが生まれました。

鉱物は、構成する元素の組み合わせによって、元素鉱物・酸化鉱物・硫化鉱物などに分類されています。ダイヤモンドやアメジストなどの宝石を思い浮かべるかもしれませんが、約4500種ある鉱物のうち、宝石に利用されるのはわずか130種ほどです。

鉱物の硬さは、原子同士の結びつきの強さによって決まり、結びつきが強いほど硬くなります。ドイツの鉱物学者モースは、鉱物の硬度の基準となる硬度計の鉱物10種を選別しました。モース硬度計の硬さの基準は、壊れにくさではなく、「傷のつきにくさ」で決められています。

モース硬度計

1. 滑石	6. 正長石
2. 石膏	7. 石英
3. 方解石	8. トパーズ（黄玉）
4. 蛍石	9. コランダム（鋼玉）
5. 燐灰石	10. ダイヤモンド

蛍石（アメリカ産／全長 11cm）

ダイヤモンド（南アフリカ産／一辺長 3mm）

Q 鉱物はどうやってできるの？

A 主に5通りのでき方があります。

鉱物には、主に右に示した5通りのできかたがあります。地球内部のマグマや熱水には鉱物の元となるさまざまな化学成分が溶け込んでいます。これらが地表近くに上がってきて、温度が下がったりすると、鉱物が結晶になるのです。

- 熱によって溶けたマグマが冷えて固まるときにできる。
- 火山から噴火した気体が地表近くで冷えて結晶を作る。
- 鉱物の成分を含んだ熱水が、岩石の割れ目に浸入して結晶を作る。
- 岩石が地球内部の熱や圧力によって、新しく生まれ変わるときにできる。
- 骨や歯などの成分が周りの液体の成分と置き換わってできる。

② ダイヤモンドはどうして高価なの？

A 貴重だからです。

ダイヤモンドは、地球内部のマントルでできた「キンバーライト」という岩石に含まれる鉱物です。キンバーライト中に2000万分の1の割合でしか含まれない希少性に加え、どんな鉱物よりも硬く、加工によって美しい輝きを示すことが、ダイヤモンドの宝石としての価値を高めています。ちなみに、キンバーライトは地球と隕石との衝突によってもできます。

ロシア連邦を構成するサハ共和国の西部ミールヌイにあるダイヤモンド鉱山の跡。直径1,250m、深さ525mに達する採掘孔が残っています。

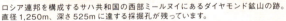

鉱山を所有していたクレオパトラ

宝石は多くの女性たちを魅了してきました。古代エジプトのプトレマイオス朝の女王として名高いクレオパトラもそのひとり。自分だけのためのエメラルド鉱山を所有していたほどです。長らくその場所は謎に包まれてきましたが、1818年、紅海から内陸に約2km入った場所にあるジェーベル・シカイト山とジューベル・ズバラ山の山腹で発見されました。いまでこそ鉱石は掘りつくされていますが、プトレマイオス朝を滅ぼしたローマの皇帝たちもこの鉱山に目をつけ、財産にしたと言われています。

アレクサンドル・カバネルによって描かれた絵画『奴隷に毒を試すクレオパトラ』

Q 地球には どれくらいの水があるの？

海・湖・川・地下水、雲や霧、雨や雪など、地球上には多くの水が存在し、生命の活動を支えています。
モレーン湖（カナダ）

A
約145京t（1450000000000000000t）
です。

海水は約141京tで、ほかに約3京9000億tの水があります。

地球にはどれくらいの水があるの？

私たちが使える水は、
それほど多くない。

地球が「水の惑星」と言われるのは海があるからです。海の深さは平均3800m、広さは約3億6000km²で、地球の表面積の約70％にもなります。水は、海のほかにも、大気中や地下にもあり、マントルの中にも大量の水が含まれることが分かっています。

私たちが使える水はどれくらいあるの？

A 地球にある水の10000分の1しかありません。

地表にある水のうち、97.5％は海水で、淡水はわずか2.5％。そのうちの約70％が南極や北極の雪氷や氷床です。地下水の半分以上は地下深くにあって掘り出すことが不可能です。私たちが利用できる水は、川や湖、浅い地層を流れる地下水などの淡水に限られ、地球の表面にある水のわずか0.01％に過ぎないのです。

多くあるようでじつは少ない！

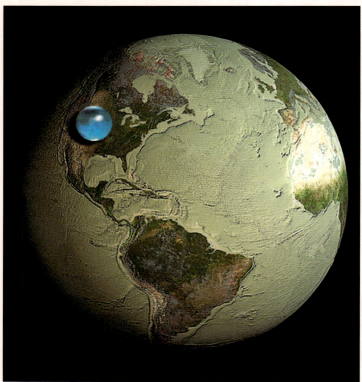

地球表層の水を集めると、直径1350kmの球になります。水の惑星と言われていますが、地球のサイズと比べると、ご覧の通りのサイズです。

豊かな水が流れるアイスランドのキルキュフェットル山麓。

② 水はほかにどんなところにあるの?

A マントル内にも大量の水が
存在していることが分かりました。

大気中にも水はありますが、わずかです。最近の研究で、地下の深いところにも水が安定して存在することが分かってきました。たとえば、マントル内に存在する鉱物(のような物質)中に、大量の水が含まれていて、その量は海水の5倍以上になるとも言われています。

★COLUMN9★
水の魔力
北欧神話と聖なる泉

きれいな水には穢れを取り除く効果があるとされ、日本でも禊(みそぎ)として身を清める行為が行なわれます。そうした信仰は世界各地にあり、たとえば、アイスランド、ノルウェー、スウェーデン、デンマーク、フェロー諸島に伝わる北欧神話では、不思議な力を持つふたつの泉の存在が伝えられています。世界樹ユグドラシルによりつながれた世界には、強力な浄化作用を持つ「ウルズの泉」と知恵と知識が隠された「ミーミルの泉」があるとされ、ミーミルの泉の水を飲むことで、最高神オーディンは知恵を身につけたとされます。

Q
鍾乳洞は
どうやってできるの？

桂林にある中国最大級の鍾乳洞で、
全長は2kmあります。

蘆笛岩洞窟（中華人民共和国）

A
石灰岩が
何千年もかけて
溶けてできます。

Q 鍾乳洞はどうやってできるの？

雨水が作り出した
幻想の地下世界があります。

石灰岩は、太古の海で生きていた貝や珊瑚の死骸が堆積したもので、酸性の水で溶ける性質があります。地震などで地層に穴や割れ目ができると、そこから酸性の雨水が入り、長い年月をかけて石灰岩を溶かします。それが洞窟となったのが鍾乳洞です。

Q 鍾乳石はどれくらいのスピードで成長しているの？

A 1cm伸びるのに約70年かかると言われています。
（成長する場所や条件によって大きく違いますが……）

「鍾乳石」は、水に溶けた石灰成分が水から再び析出して天井からつらら状に垂れ下がるものです。地上から生えているように見える石は「石筍（せきじゅん）」と言い、落下した水滴によって鍾乳石と同じように晶出したものです。石筍が1cm成長するのに約130年かかったというデータもあります。長い年月をかけて、両者がつながって「石柱」になったり、壁を垂れるように覆ったりして、鍾乳洞の景観を生み出しているのです。

中華人民共和国桂林市の蘆笛岩洞窟。鍾乳石は非常に長い年月をかけて、大きくなります。

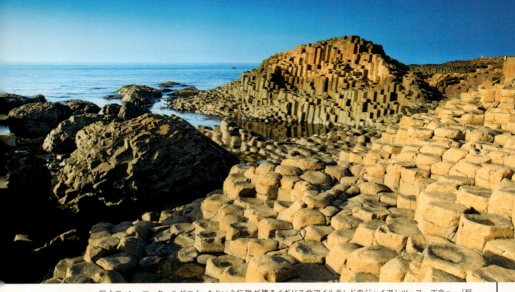

巨人フィン・マックールがつくったという伝説が残るイギリス北アイルランドのジャイアンツ・コーズウェー（巨人の石道）。柱状節理による景観として知られています。

② 自然が生み出した景観が
ほかにもあったら教えて！

A 柱状節理も自然が生み出しました。

地表に出た溶岩が、冷却されながら収縮することで規則的なひびが入り、均等に収縮した結果、五角形や六角形の柱のような形になったのが、柱状節理です。玄武岩溶岩に特徴的な構造です。日本でも兵庫県の玄武洞や新潟県の清津峡などで見事な柱状節理が見られます。

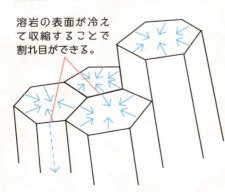

五角柱や六角柱のものがあります。

溶岩の表面が冷えて収縮することで割れ目ができる。

割れ目が垂直に伸びていく。

アイスランドのスカフタフェットル国立公園内にある「スヴァルティフォスの滝」。無数の六角柱が崖上から垂れ下がるように残存し、その間を滝が流れ落ちています。

超美麗!
自然現象
鑑賞スポット

青い世界

モルディヴの夜光虫 (モルディヴ／ヴァドゥー島)

海洋性のプランクトンで、大発生すると、昼は赤潮の原因となりますが、夜になると海面が広範囲にわたって光り輝いて見えることから「夜光虫」と呼ばれるようになりました。海水面にいることが多く、波打ち際での物理的な刺激によって青く輝きます。

ベリーズのブルーホール（ベリーズ共和国）

ユカタン半島の付け根に位置するベリーズ・バリアリーフで見られる海底鍾乳洞の跡です。その大きさは、直径313m、深さ125m。氷河期末期に形成された鍾乳洞が、天井の崩落によって巨大な縦穴となり、そこへ海水が流れ込むことで生まれた絶景です。

パタゴニアの大理石洞窟（チリ共和国・アルゼンチン共和国）

チリとアルゼンチン、2か国にまたがるヘネラルカレーラ湖に広がる大理石の洞窟です。長い年月をかけて湖水に侵食され、マーブル模様になりました。湖の反射光を受け、コバルトブルーに輝きます。

Q 火山って いったいどんな山?

フランス領レユニオン島にそびえる標高2632mの火山で、直径約8kmのカルデラを形成しています。2010年1月や2017年1月にも噴火するなど、活発な火山活動を続けています。

ピトン・ドゥ・ラ・フルネーズ(フランス)

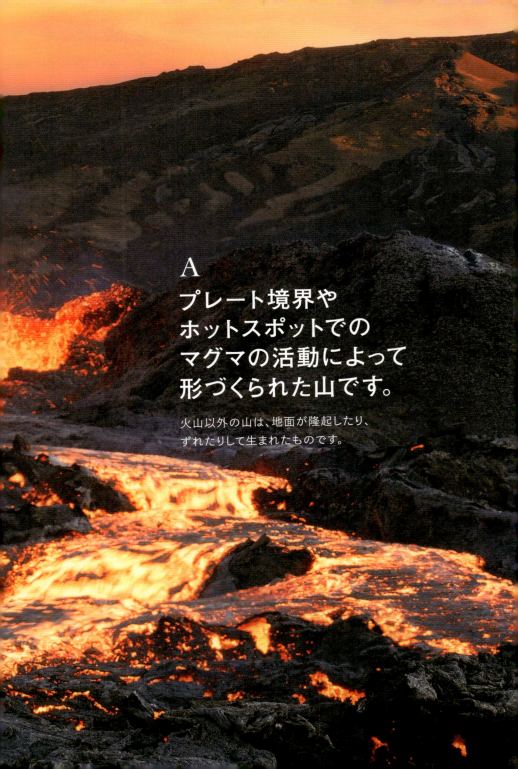

A
プレート境界や
ホットスポットでの
マグマの活動によって
形づくられた山です。

火山以外の山は、地面が隆起したり、
ずれたりして生まれたものです。

Q 火山っていったいどんな山？

プレートが移動して
ハワイ諸島ができました。

プレートの境界やホットスポットからマグマが噴出した場所に生まれ、単独で高地をつくるのが火山。そのほかの山は、大陸同士の衝突や地震などが引き起こす地面の隆起、ずれなどの造山運動によって生み出され、単独でそびえるだけでなく、連なってそびえる山脈など、さまざまな形があります。

火山の噴火の仕組みを教えて！

A 噴火はマグマが上昇するところから始まります。

火山内部にたまったマグマが上昇すると、火口が開き、圧力が一気に下がります。すると、マグマに含まれる水が水蒸気に変わって膨張し、地下には収まりきらなくなります。その結果、爆発的な勢いで火口から飛び出すのです。これが火山の噴火です。

■火山噴火の主な種類

マグマ噴火	上昇したマグマ内の水や二酸化炭素が、地表近くで膨張して水蒸気や炭酸ガスになり、周囲にある液体のマグマを破砕し、噴出することで起こる噴火。
水蒸気噴火	マグマの熱によって地表付近の地下水が、高温高熱の水蒸気になることで爆発的に起こる噴火。マグマは地表には出てきません。
カルデラ噴火	地下のマグマだまりそのものが爆発して地殻表層部を吹き飛ばす大規模噴火。「破局噴火」とも呼ばれます。噴出するマグマの量も多く、大きな被害が生じます。約7300年前に鹿児島県南方沖の海底火山（鬼界カルデラ）で起きた巨大噴火は、当時の南九州で栄えていた縄文文化を壊滅させたと言われています。

ブロモ山はインドネシアのジャワ島東部に位置する火山。噴煙を上げているのが火口です。

Q2 噴火では、なにが出てくるの？

A 溶岩や岩石の破片が噴出し、火山ガスや火山灰が噴煙となって飛び出します。

Q3 ホットスポットの活動によってできた火山を教えて！

A ハワイ諸島がそうです。

ホットスポットとは、プレートの下にあるマグマの通り道が、地殻やプレートを突き破ることで、プレート上にできる火口のこと。ハワイ島地下のもののほか、タヒチ島やガラパゴス諸島付近に確認されています。ハワイ諸島は、ホットスポットにできた火山が太平洋プレートの移動により少しずつずれた結果、点々と連続した群島となりました。

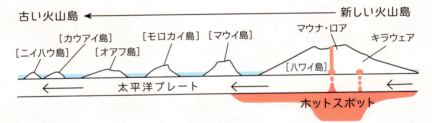

ハワイ諸島はプレートの動きによって、一列に並んでいます。

★COLUMN10★

ハワイに住む女神ペレ

ポリネシア神話に登場する火山の女神ペレ。美しく情熱的なこの女神は、世界で最も活発な火山キラウェア火山に住んでいると語られています。美しい一方で、奔放な性格のペレを怒らせると人々は焼き尽くされると言われています。畏怖の対象ではありますが、ハワイに住む人々のペレへの信仰心は非常に深く、火山の噴火もペレの行なうことであれば仕方ないと、自然現象を受け入れる心にもつながっているようです。

ペレが宿るハワイのキラウェア火山は、ハワイ火山国立公園に指定される活火山です。

Q
マグマの活動による自然現象は、ほかにもあるの?

間欠泉が作る絶景として有名な
フライガイザー
フライガイザー(アメリカ合衆国)

A
間欠泉などがあります。

間欠泉は、地下水がマグマの熱で温められ、沸騰して、一定の周期で熱湯や水蒸気を噴出する温泉です。

Q マグマの活動による自然現象は、ほかにもあるの？

マグマの活動が
多くの絶景をつくりました。

間欠泉から一定の間隔で空高く吹き出す熱水は、地下水がマグマの熱によって温められ、マグマから出る炭酸ガスや硫黄などの成分を溶かしながら地上に出てきます。沸騰して、勢いよく吹き出た熱水から、溶け込んだ成分が析出し、独特の景観をつくり出します。

アメリカのイエローストーン国立公園内の間欠泉は、平均80分間隔で約30～50mの高さの熱水を噴出します。

Q 火山に関係している地形を教えて！

A たとえば、カルデラ湖がそうです。

火山の噴火によって、地表の一部が吹き飛んだり、陥没することがあり、そうしてできた穴をカルデラと言います。このカルデラに雨水がたまってできた湖がカルデラ湖です。直径2km未満のものは火口湖と呼ばれ、カルデラ湖とは区別されます。

透明度の高い湖として知られる摩周湖は、北海道東部の阿寒国立公園内に位置するカルデラ湖です。

蔵王連峰に位置する御釜(宮城県)は、直径2km未満なのでカルデラ湖ではなく火口湖です。

イエローストーン国立公園は、1978年に最初の世界自然遺産に登録されました。

Q2 海外で有名なカルデラは？

A たとえば、イエローストーンカルデラがあります。

イエローストーン国立公園内の温泉「グランドプリズマティックスプリング」には、水温に応じて異なった色の藻類やシアノバクテリア（光合成細菌）の種が生息し、水温の違いが色の違いになって現われています。

Q3 ほかにも火山がつくった自然の造形物を見たい！

A 石灰華段丘（せっかいかだんきゅう）や泥温泉（どろおんせん）などがあります。

美容に効果も！

石灰華段丘

マンモスホットスプリングスは、イエローストーン国立公園にある温泉沈殿物。多くの化学成分が溶け込んだ熱水が温泉として噴き出し、これらが冷えて多量の鉱物が沈殿しました。

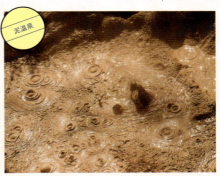
泥温泉

活発な間欠泉地帯ロトルア（ニュージーランド）の泥の池です。ロトルアの泥は肌の保水力を高め、細胞の活性化を促し、デトックス（解毒）効果があるとされています。

Q

過去に起きた
地震の痕跡は
残っているの？

カリフォルニア州南部から西部にかけ
て続く巨大な断層です。西部の開拓
が始まって以降の記録しかありません
が、1857 年、1906 年、1989 年、
1994 年など、たびたび M6.0 を超
える大地震を起こしています。

サンアンドレアス断層（アメリカ合衆国）

A
断層などとして
残っていることがあります。

過去に起きた地震の痕跡は残っているの？

地震がつくった観光スポットもありました。

地震は、プレートの活動によって起きる自然現象です。
1960年にチリで起きた地震は、観測史上最大のマグニチュード9.5を記録しました。
2011年に起きた東北地方太平洋沖地震のマグニチュードは9.0です。

① 地震はなぜ起きるの？

A ぶつかり合う2つのプレートが引き起こします。

地震は、プレート同士がぶつかり合い、ひずみに耐えられなくなった岩盤がずれる衝撃で、地面が揺れる現象です。岩盤がずれる現象（あるいはずれ）を「断層」と言い、過去100万年の間に繰り返しずれを起こし、今後も活動する可能性の高い断層のことを「活断層」と呼んでいます。そのほか、火山の活動が関係して起きる地震もあります。

断層の生まれ方

断層はマントル対流によるプレートの移動・衝突・すれ違いや、火山活動によるマグマの移動などによって生じ、大きく分けて3パターンのでき方があります。

正断層	逆断層	水平断層
・引っ張られてずれる	・押されてずれる	・横にずれる

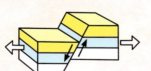 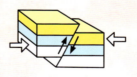 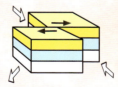

地面が左右に引っ張られて、地面がずれます。　両側から押されて、重なるようにずれます。　地面が押されて、逆方向にずれます。

② 地震は世界中どこでも起こるの？

A ほとんど起こらない地域もあります。

地震は、プレートが作られる海嶺、プレートが衝突しているところ、プレートが沈み込む海溝付近で、主に発生します。プレートの境界から離れた地域ではほとんど起こらず、イタリアやギリシャを除いたヨーロッパでは、滅多に起こりません。

たび重なる地震によって山の周囲が崩落し、中心部だけが残ったイタリアのラツィオ州の町チヴィタ。住民たちは去りつつありますが、偶然が産んだ景観が話題を呼び、有数の観光名所となっています。

③ なぜ日本には地震が多いの？

A 4つのプレートの境界上に日本が位置しているため、活断層が多いからです。

日本には、周辺の海底も含めると2000以上の活断層があると言われています。

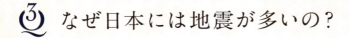

ユーラシアプレートの一部
（アムールプレートとも）

オホーツクプレート？
（かつては北アメリカプレートの一部とされていました。）

北アメリカプレート

日本海溝

相模トラフ

太平洋プレート

南海トラフ

フィリピン海プレート

大地震が発生しそうな地域

85

太陽の光は
海のどこまで届くの?

海中を漂うアカクラゲ。太陽光が届く水深200mまでを表層、それ以深の太陽光が届かない闇の世界を深海と呼びます。

A
水深200mまでです。

実際には水深1000m付近まで
わずかに届いています。

Q 太陽の光は海のどこまで届くの？

光の届かない深海は、生命の宝庫でした。

光の届かない水深200m以深の海を「深海」と呼びます。光合成を行なう生物はほとんど生存できない世界ですが、独自の生態系が、水深1万900mまで広がっています。

Q 深海って冷たいの？

A 冷たいですが、熱い場所もあります。

深くなるに従って水温は下がり、1500mよりも深くなると、だいたい2〜3℃です。しかし、部分的には地下のマグマに熱せられた300℃にもなる熱湯が、「熱水噴出孔」から噴出している場所もあります。

海底にあって黒煙を吹き出す熱水噴出孔は「ブラックスモーカー」と呼ばれます。ここから吹き出す熱水には、さまざまな化学成分が溶け込んでおり、周囲にはチューブワームなどの生物が生息しています。

深海の生物はなにを食べているの?

A プランクトンの死骸や魚の食べ残しなどです。

深海の映像を見ると、雪のようなものが舞っていることがありますが、これを「マリンスノー」と言います。光が届く海の表層では、植物プランクトンが光合成をし、それを動物プランクトンが食べ、さらにそれを小さな魚が食べるという食物連鎖が起こりますが、深海ではそうはいきません。プランクトンの死骸や魚の食べ残し、排泄物が、深海へと沈んでマリンスノーとなりますが、光の届かない環境にいる深海生物にとっては、このマリンスノーが大事な栄養源となっているのです。

 ## 深海にはどんな生物がいるの?

A 眼の退化した魚や巨大なイカなどがいます。

深海には未知の生物もたくさんいると考えられていて、まだ多くの謎に包まれています。

ボウエンギョは、体長22cmほどの深海魚で、望遠鏡のような筒状の両目からその名がつきました。特徴的な両目は、太陽光の届きにくい深海において、わずかな光や獲物の動きを捉えるために進化したものと考えられています。

Q
海の底には、
どんな世界があるの？

太陽光に照らされる海底の穴。海底には起伏に富んだ地形が広がります。

宮古島（沖縄県）

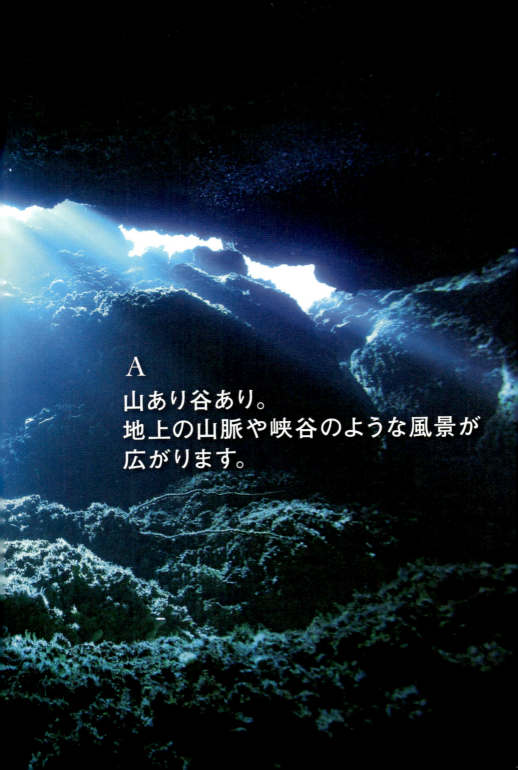

A
山あり谷あり。
地上の山脈や峡谷のような風景が
広がります。

Q 海の底には、どんな世界があるの？

海の底は、
山あり谷ありの世界でした。

海の底で、細長く溝状に深くなっているところを「海溝」、高い山脈を「海嶺」と言います。世界で最も深い海溝はマリアナ海溝で、最も長い海嶺は中央海嶺です。日本にも日本アルプスに匹敵する海嶺が駿河湾の海底にあり、その高さは、海底から3700mほどにもなります。

① 海溝はどこにできるの？

A プレートが地球内部に沈み込むところにできます。

一方、海嶺は直下のマントルの一部が地球内部から出てきて海洋地殻をつくるところにできます。

② マリアナ海溝はどれくらいの深さなの？

A 最深部は水面下1万1000mにもなります。

マリアナ海溝は、太平洋北西部にあり、太平洋プレートがフィリピン海プレートの下に沈み込むところにできた海溝です。最深部は「チャレンジャー海淵」と呼ばれています。この深さは、地上でいうとエベレスト山の高さを超え、大型の飛行機が飛行する高さに相当します。

★COLUMN11★

日本が進める「しんかい」計画

水深200m以深の「深海」を調査すべく開発されたのが、海洋研究開発機構（JAMSTEC）が所有する大深度有人潜水調査船「しんかい6500」です。潜行深度6500mは世界2位の性能で、これまでにも300℃を超える熱水を吹き出す海底の熱水噴出孔を撮影するなど、深海世界の解明に貢献してきました。「超深海」と呼ばれる水深6000m以深の海は、水圧が1000気圧を超え、光が届かない世界です。この超深海を調査すべく、開発を進めているのが、「しんかい12000」。水深1万2000mまで潜行可能とし、2020年代後半の完成を目指して開発が進められています。

Q3 中央海嶺はどれくらいの長さなの？

A 総距離は約7万5000km。地球を1周半するほどです。

大西洋の海底の中央部を南北に連なる中央海嶺は、地球上で最も大きい山脈です。中央海嶺の海底から山頂までの高さは平均2.5kmで、一部は海面から顔を出しています。

アイスランドの南西部にあるシンクヴェトリル国立公園は、中央海嶺が地上露出しているところに位置し、東西にユーラシアプレートと北米プレートが広がります。写真のような「ギャオ」と呼ばれる大地の裂け目を各所に見ることができます。

Q
北極と南極って、どう違うの？

南極のブリザードに晒される
コウテイペンギンの群れ。

（南極）

A
南極は大陸ですが、
北極に陸地は
ありません。

Q 北極と南極って、どう違うの?

南極の氷が教えてくれることがある。

北極と南極は、ともに雪や氷に覆われ、同じような気候に見えますが、じつは南極の方が過酷な自然環境です。北極よりも平均気温が20℃ぐらい低く、気温の差も大きいのです。その違いを生むのが陸の存在。北極が海に浮かぶ氷でできているのに対し、南極は大陸です。陸地がある分、標高が高くなるために寒くなるのです。

世界最大の氷山はどれくらいの大きさ?

A 三重県と同じくらいの大きさです。

2017年7月、南極大陸西部の南極半島東部にある棚氷・ラーセンC棚から分離した氷山は、広さが約6000k㎡、厚さが約350mで、重量は1兆tを超えます。

グリーンランドのディスコ湾を漂う巨大な氷山。この氷山は陸地の一部から転がり出た巨大な岩石を乗せています。

氷河の侵食によって生まれたフィヨルド。なかでもノルウェーにある断崖に突き出た「トロルの舌」からの眺めは世界的に有名です。

② 「氷山」「棚氷（たなごおり）」「氷床（ひょうしょう）」ってなにが違うの？

A 大陸を覆う氷の塊が「氷床」、氷床の一部が押されて海面上に張り出したものが「棚氷」、棚氷が氷床から分離したのが「氷山」です。

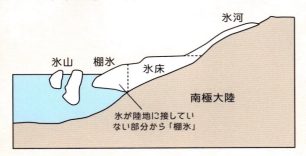

積雪が氷の塊となって斜面をゆるやかに流れ出したものを氷河と呼び、緯度の高い地方で見ることができます。アルゼンチンのロス・グラシアレス国立公園で見られるペリト・モレノ氷河は、1日1mの速さで進み、先端では高さ60mを超す氷の柱が豪快に崩れ落ちる様子をたびたび見ることができます。

③ 氷山の観測からなにが分かるの？

A 地球温暖化の進行具合が分かるのではないかと言われています。

まだ明らかではありませんが、氷山の状態と地球温暖化とは何らかの関連があるとして、南極の氷が注目されています。地球上の氷の90％以上が南極にあり、すべて溶けると、海面は65m上昇すると予測されています。そうならないためにも温暖化を防ぐ必要があるのです。

④ 氷河がつくった景観を教えて。

A 代表的なものにフィヨルドがあります。

フィヨルドは、両岸を急峻で高い岩壁にはさまれた細長く深い湾のことで、氷河が削り取った「氷食谷」に海水が流れ込んだ地形を指します。氷河期に海岸に達した厚さ1000m以上の氷河が、氷河期の終焉とともに後退し、その後、海面上昇が起こって形成されました。

Q
海流はどうやって生まれるの?

イワシの群れ。プランクトン食であるイワシは、海流に乗ってやってくるプランクトンを求め、回遊を続けます。

A
風によって生まれるものや
水温や塩分濃度の違いによって
生まれるものがあります。

Q 海流はどうやって生まれるの？

気候が安定しているのは、海流のおかげでした。

海流には海の表層を流れる、一般に「暖流」「寒流」として知られるものと、海の深いところを流れ「深層流」と呼ばれるものの、2種類があります。

Q 暖流と寒流ってどう違うの？

A 上空の空気に熱を与える海流が「暖流」、上空の空気の熱を奪う海流が「寒流」です。

暖流は低緯度から高緯度に向かって、寒流は高緯度から低緯度に向かって流れます。
暖流と寒流がぶつかる潮境（しおざかい）は、海流に乗って移動してきた魚やプランクトンが豊富で、よい漁場となります。これら表層の海流は、「貿易風」や「偏西風」など、常に同じ方向へ吹く風や、地球の自転の影響を受けて生まれます。

日本海側には暖流の黒潮から分岐した対馬海流が北上し、南下する寒流のリマン海流とぶつかります。一方、太平洋側では黒潮が北上し、関東・東北の沖合いで寒流の親潮とぶつかります。

寒流と暖流のように、性質の違う海水はほとんど混じらないので、海流の境目で海水の色が異なって見えることがあります。

暖流である黒潮とメキシコ湾流を「二大海流」と呼びます。

Q2 深いところにも海流はあるの？

A あります。

海面から約1kmより深いところを流れる海流を「深層流」と呼びます。海水は、冷たくて塩分濃度が高いほど、密度が大きくなります。密度が大きい海水は重いので沈みます。この重たい海水が深層流をつくるのです。深層流があることによって、世界中の海水温と気温の差が小さくなり、気候の安定につながっていると考えられています。

> 温暖化の影響で、極地の氷床が溶け、海水の塩分濃度が低くなっています。

グアダルーペ島（メキシコ）の沖合いを泳ぐホホジロザメ。ホホジロザメは、水深5～300mの間で潜行と浮上を繰り返しながら回遊します。

Q3 深層流で移動した海水は、もとの場所に戻ってくるの？

A およそ2000年後に戻ってきます。

2000年ほどかけて行なわれる深層流による海水の移動を、「深層大循環」または「コンベアベルト」と言います。北大西洋で沈んだ海水の大部分が大海を巡り、再び北太平洋の表層に達する循環のことです。

★COLUMN 12★
エルニーニョ現象ってなに？

> 日本にも影響を及ぼします

「エルニーニョ」は、南米のチリからペルーにかけての太平洋沖で頻繁に起こっています。南極海から寒流が流れるこの海域に、赤道付近の暖かい海水が流れ込み、温度が異常に高くなる現象のことです。エルニーニョ現象が起きると、太平洋の広い範囲で海水温が上がり、大気の流れが変わってしまうことから、干ばつや洪水、冷夏といった異常気象を各地に引き起こす一因となっています。逆に東太平洋の赤道付近で海水温が低下する現象を「ラニーニャ」と呼び、同様に、世界中に波及して異常気象の原因となります。

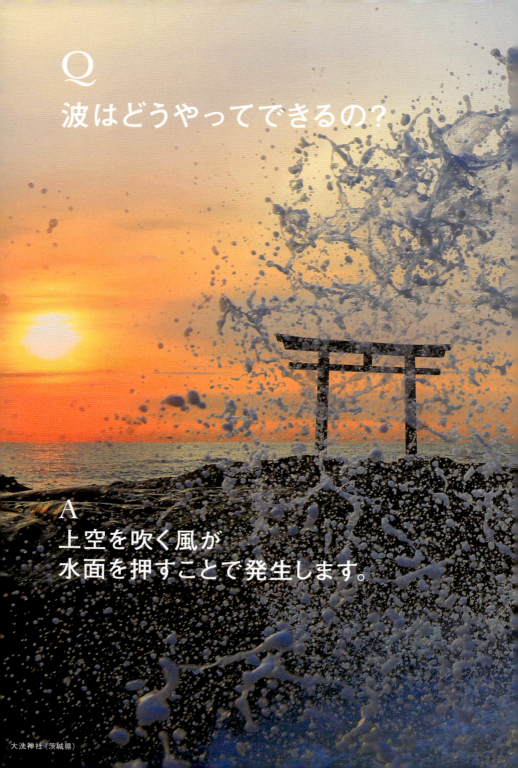

Q 波はどうやってできるの？

風が吹くとき、波が生まれます。

風が水面を押すと、水が上下に動いて波が生まれます。
波が発生すると、水も一緒に進んでいるように見えますが、
実際には、水はほとんど同じところを行ったり来たりゆたうだけ。
海岸に打ち寄せる波も、離岸流によって元の場所に戻っていきます。

① 大きな波はどうやってできるの？

A 小さなさざ波に風が吹き続けると大きな波になります。

水面に風が吹くと、「さざ波（小さな波）」ができます。そこに風が吹き続けると、波は大きくなりてっぺんがとがった「風浪（ふうろう）」に成長します。

波には、表面だけで起こっているものと、海中深くの動きが影響しているものがあります。一般的には、表面だけで起こっている「表面波」のことをさします。表面波には、「うねり」と「風浪」があります。

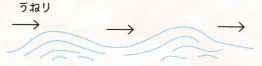

・海上で風が強く吹いていると、さざ波はやがて風浪になります。

・海上で風が吹いていなかったり、弱かったりすると、さざ波はうねりになります。

② 波が途絶えることはないの？

A ありません。

風がある限り、波はなくなりません。風がほとんどないときでも、先にできた波が残っています。その余波を「うねり」と言います。うねりは沖合などでは目立たず、穏やかに見えるのですが、注意が必要です。陸地付近の浅瀬では、波が急激に高くなり、小船が転覆するなどの事故を引き起こすことがあるからです。

強い波が何度も同じところにぶつかると、岩場もけずられて穴があきます。このような穴を「海食洞」と言います。佐賀県の「七つ釜」もその一つで、柱状節理の一部が壊れてできました。

★COLUMN13★

すべてを飲み込む津波のメカニズム

地震によって海底が大きく変動すると、津波（英語でもtsunami）が発生します。津波は勢いよく陸に流れ込み、陸上にある家や人などあらゆるものを、海に持っていってしまいます。津波の速度は水深が深いほど速く、水深5kmの海でおよそ時速800km。ジェット機並みの速さになります。水深が浅くなるにつれて速度を落としますが、高さを増して陸に押し寄せます。2011年の東北地方太平洋沖地震で発生した津波の高さ（波高）は15mを超え、東北から関東地方にかけて、甚大な被害をもたらしました。

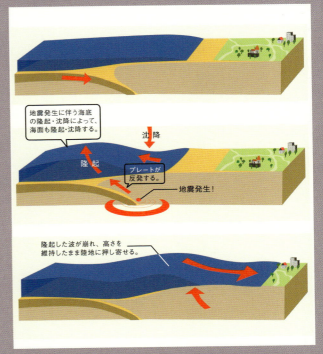

大陸プレートの反発によって盛り上がった海面は、大きなうねりとなって陸に押し寄せます。これが津波です。

地震発生に伴う海底の隆起・沈降によって、海面も隆起・沈降する。

沈降
隆起
プレートが反発する。
地震発生！

隆起した波が崩れ、高さを維持したまま陸地に押し寄せる。

Q
風はどこから
吹いてくるの?

チリとアルゼンチンにまたがるパタ
ゴニア地域には、強風に煽られて
斜めになった木があります。

斜めの木(フエゴ島/アルゼンチン)

A
空気の冷たい場所から
空気の温かい場所へ
吹いてきます。

Q 風はどこから吹いてくるの？

風がつくった絶景がありました。

風は空気の流れです。空気に温度差があると、移動が起こり、それが風になります。温かい空気は軽いため上昇し、空いたところへ冷たい空気が流れ込んできます。

気候に影響を与える風について教えて！

A 偏西風と季節風があります。

偏西風は、地球の自転によって西寄りに吹く風で、北半球と南半球の中緯度地方（およそ30～60度付近）で、年間を通じて吹いています。季節風は「モンスーン」とも言い、季節によって風向きを変えます。東南アジアなどで夏に吹くモンスーンは、水分をたっぷり含んだ空気を陸地へ送り、雨季をもたらします。

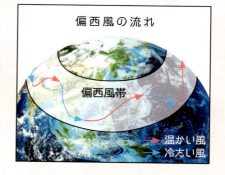

季節風は、夏になると海から温かい陸に、陸が冷える冬になると陸から温かい海に向かって吹きます。

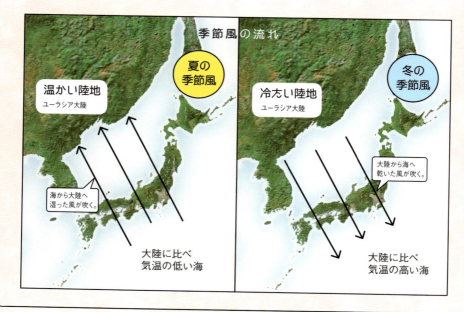

ヨルダンのワディ・ラム保護区。砂漠を吹き荒れる風も長い年月をかけて岩を削り、幻想的な風景を見せてくれます。

 ジェット気流はどれくらい速いの？

A 最大時速360kmほどで、新幹線よりも速い速度です。

ジェット気流は、幅100km、厚さ数km、長さ数千kmの巨大な偏西風です。上空に行くほど強くなり、地上10kmほどのところで最も強くなります。飛行機は、西から東へ移動するときに、ジェット気流に乗ることで、燃料の軽減や時間を短縮することができます。反対に東から西へ移動するときは、ジェット気流を避けないと、時間が多くかかってしまうことになります。

★COLUMN14★

絵画になった風の神

ボッティチェリの名画『ヴィーナスの誕生』。西風のゼピュロスが画面左に描かれています。

古来、日本人は、伊勢神宮の風日祈宮や奈良県の風の森神社など、風神や風雨の神を祀ることで豊作を祈りました。古代ギリシャにおいても、風のなかに神を見出し、風の方向によって4人の神を当てています。冬の冷たい空気を運ぶ北風はボレアース、晩夏と秋の嵐を運ぶ南風はノトス、春と初夏のそよ風を運ぶ西風はゼピュロス、そして東風のエウロスです。このうち、ゼピュロスはボッティチェリの名画『ヴィーナスの誕生』や『春〜プリマヴェーラ』にも描かれています。

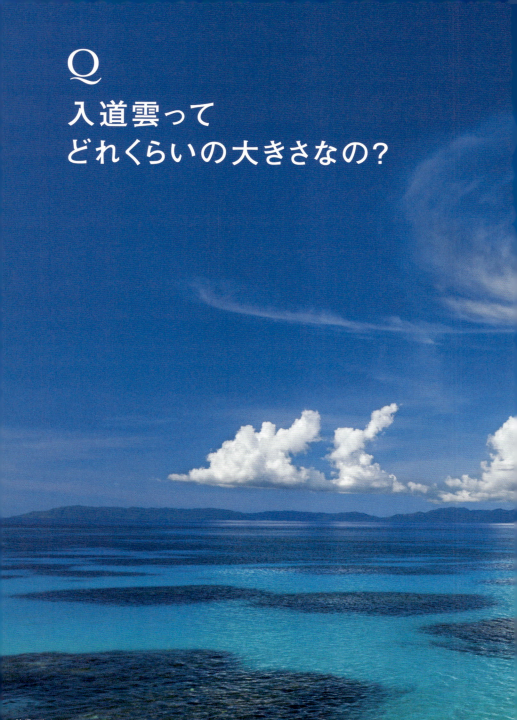

Q
入道雲って
どれくらいの大きさなの？

沖縄の海上に発生した巨大な入道雲。
波照間島（沖縄県）

A
地上から1万3000mに
達することもあります。

Q 入道雲ってどれくらいの大きさなの？

雲や霧が生まれるのは、空気が冷えるからです。

雲は10種類に分けられ、「十種雲形」と呼ばれています。十種雲形は、雲ができる高さから「上層雲」「中層雲」「下層雲」の3つに分類され、積乱雲は下層雲に分類されます。

① 雲はどうやってできるの？

A 空気中に含みきれなくなった水蒸気が水滴や氷晶になり、それらが集まってできます。

雲は空気が冷やされると発生します。空気中に含むことができる水蒸気の量は気温によって変わりますが、気温が下がるとその量が減るので、気温が低いときほど雲ができやすくなります。たとえば、気温が-5℃のときは25℃のときの約7分の1の量しか水蒸気を含むことができず、より大きな雲が発生しやすくなるのです。

② 雲ができやすいのはどんなとき？

A 上昇気流があると雲ができやすく、天気が悪くなります。

温かい空気は上昇して大きな雲をつくるので、強い雨が降る原因になります。一方、冷たい空気が下降すると、空気が乾燥するので、雲があまりできず天気はよくなります。

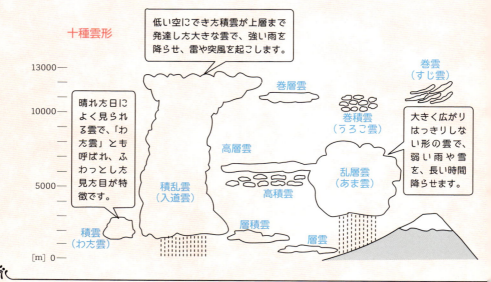

薄明光線（はくめいこうせん）とは、太陽が雲に隠れているとき、雲の手前下に広がる微細な水滴に散乱する太陽光のこと。「天使の梯子」や「天使の階段」とも言われます。

③ 霧はどうして朝によくできるの？

A 太陽が昇る直前に気温が最も下がるからです。

霧が発生するのは雲と同じ仕組み。地表付近の温度が下がることによって発生するので、低い位置にできます。盆地は冷えて重くなった空気が集まりやすく、霧がよくできます。

生い茂る原生林の中にそびえ立つ無数の岩塔と霧が、秘境のような景観をつくりだす奈良県の石ヤ塔（いしやとう）。

Q
世界でいちばん
多くの雪が
降ったのはどこ？

八甲田山（青森県）

A
青森市です。
年間平均降雪量7m92cm
という記録があります。

北半球にあるアメリカ、カナダ、日本などの人口10万人以上の都市を対象とした2015年時点での年間平均降雪量ランキング「The 10 Snowiest Cities On Earth」で上記の記録が発表されています。もちろん、雪が多すぎて測りに行くことができないところもあります。また、降雪量には、積雪量や融雪量のほか、降雪の速度や範囲なども関係しています。

Q 世界でいちばん多くの雪が降ったのはどこ？

六角形の氷の粒が成長して美しい結晶になりました。

雲の中で生まれた小さな氷の粒に、水蒸気がつくことで結晶が生まれます。この結晶がやがて重くなると地上に落ちていきます。これが雪です。

雨になるか、雪になるか、どうやって決まるの？

A 空気の温度で決まります。

雲の中で、氷の粒に水蒸気がついて大きくなると、その重みで地上に降ります。雲から冷たい空気の中をそのまま降ってきた氷の粒は雪となり、温かい空気の中を降ってきて途中で溶けた氷の粒は雨となります。湿度も関係していて、同じ気温の場合、湿度が高いと雨に、湿度が低いと雪になりやすいことが分かっています。

雪の結晶はどうやってできるの？

A 雲の中にある小さな氷の粒に水蒸気がついて成長してできます。

気温が低いと結晶はそのまま降ってきて粉雪に、気温が高いといくつもの結晶がくっついてわた雪になります。

★COLUMN 15★
エビの尻尾

冬山で、空気中の水分が木の枝に付着して白く氷結したものを「霧氷」と言います。「エビの尻尾」は霧氷の一種で、岩・木などの枝についた氷や雪が、風に応じてエビの尻尾のような形に成長したもののことです。風上側に向かうように成長します。これが大きく発達し、樹木全体に張り付いて成長したものが「樹氷」となります。蔵王などの樹氷がよく知られています。

岩に付着した「エビの尻尾」。

Q3 雪の結晶にはどうして六つの枝があるの？

A 結晶のもとになる氷の粒が六角形だからです。

六角形の角に水蒸気がくっつきやすく、ここが伸びていきます。気温や空気の流れなどによって成長の仕方はさまざまで、雪の結晶はどれも違った形になります。雪の結晶の形は気温や湿度によってさまざまに変化し、ときには三角形や四角形などの形になることもあります。

〜雪の結晶いろいろ〜

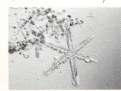  

Q4 霰(あられ)と雹(ひょう)はどこが違うの？

A 大きさの違いです。

霰は雲の中の水滴が凍り付いて固まった氷の粒です。雹は、霰が雲の中で雪の結晶やほかの霰と溶け合うことを繰り返して大きくなったものです。直径5mm以上の氷の粒を雹、5mm未満のものを霰と呼んでいます。

雪に覆われたザルツブルク（オーストリア）の町とホーエンザルツブルク城。
雪景色が映える中世の都市です。

Q
台風の雲はなぜ左巻きなの?

国際宇宙ステーションから捉えた台風。

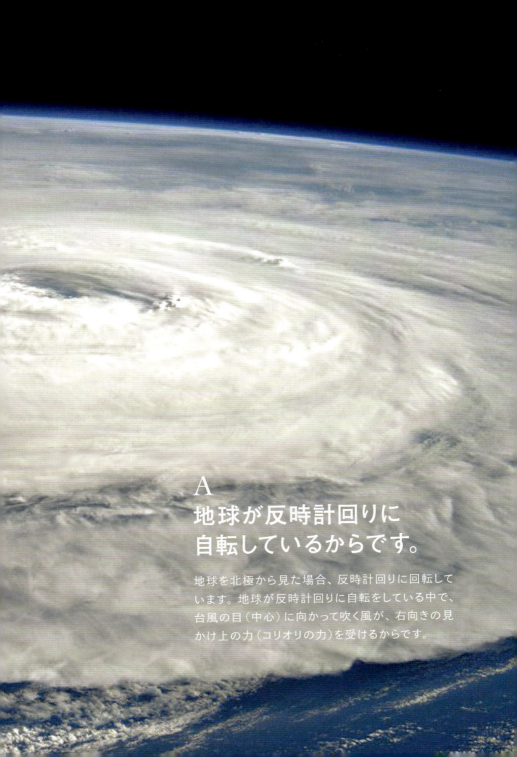

A
地球が反時計回りに
自転しているからです。

地球を北極から見た場合、反時計回りに回転しています。地球が反時計回りに自転をしている中で、台風の目（中心）に向かって吹く風が、右向きの見かけ上の力（コリオリの力）を受けるからです。

Q 台風の雲はなぜ左巻きなの？

生まれた場所で名前が変わります。

台風は空気の巨大な渦です。空気が気圧の低い中心部へ向かって回転しながら流れ込むと、海上の高温多湿な空気は上昇気流となって上空に昇ります。やがて巨大な積乱雲となり、激しい雨を降らせるのです。これが熱帯低気圧で、中心付近の最大風速が17.2m/s以上になると、台風と呼ばれます。

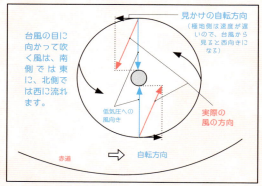

① 台風はどのように生まれるの？

A 積乱雲が集まって生まれます。

温かい海水が蒸発して発生した積乱雲が、温かい海上を進みながら成長して巨大になり、台風となります。台風の発生には地球の自転が影響し、赤道付近では起こりません。また、台風が赤道を越えて通過することもありません。

② 台風とハリケーンはどう違うの？

A 発生場所による呼び方の違いです。

日本など東アジアに向かうのは「台風」です。「ハリケーン」は太平洋（赤道より北、東経180度より東）や大西洋上で発生した熱帯低気圧のこと。また、インド洋や南太平洋で発生したものは「サイクロン」と呼ばれています。

台風は赤道から少し離れた地域で生まれ、北や北西に進みながら発達していきます。

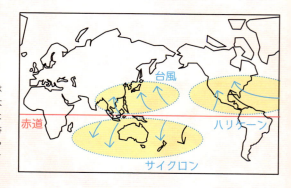

竜巻の前触れとされているスーパーセル。

Q3 竜巻と台風の風は、どちらが速いの？

A 突発的に起こる竜巻のほうが速いことが多いようです。

竜巻となる風がつくる渦の大きさは、台風よりもはるかに小さく、10分程度でなくなることも多いのですが、局所的に短時間で出すエネルギーは台風よりも大きくなる傾向にあります。竜巻は台風と異なり、発生や進路の予測が難しく、巨大な竜巻は人や物に及ぼす被害も大きくなります。2013年にアメリカで発生した竜巻は、オクラホマ州などで3万人以上の被災者を出す観測史上最大のものとなりました。

★COLUMN16★
名前がついた台風があるのはなぜ？

2017年7月5日から6日にかけて西日本に記録的な大雨をもたらした台風3号には、「ナンマドル」という別名があります。「台風〇号」と数字で呼ばれる台風には、別の名称もつけられているのです。北西太平洋または南シナ海で発生する台風防災について、各国の政府間組織である台風委員会が、2000年以降、日本を含む加盟14か国が提案する固有の名称とつけるようになりました。あらかじめ用意された140個の名前が発生順につけられ、141個目に最初の名称に戻ります。日本からは星座をもとに「とかげ」「ハト」などが提案されています。

Q

雷の電圧は
どれくらいなの？

アドリア海に落ちる雷。光は音よ
りも空気中を早く伝わるので、落
雷の音が聞こえるよりも先に稲妻
が見えます。

ドゥブロブニク（クロアチア共和国）

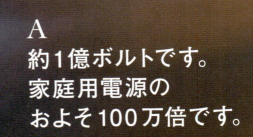

A
約1億ボルトです。
家庭用電源の
およそ100万倍です。

Q 雷の電圧はどれくらいなの？

雲の中の静電気が雷を引き起こしていました。

雷は100Wの電球90億個分の電気を、1000分の1秒という短い時間に放電します。人や木のほか、建物などにも落ちることがありますが、それを防ぐために、建物には避雷針がつけられ、雷が落ちると地表に電流が流れるようにしています。

① 雷はどうして起こるの？

A 雲の中にたまった静電気を放電するからです。

大きく発達した積乱雲の中で、氷の粒や霰（あられ）がぶつかり合うと、静電気が発生します。静電気がたまると、雲の中や、雲と地表の間で放電が起こり、それが雷となるのです。

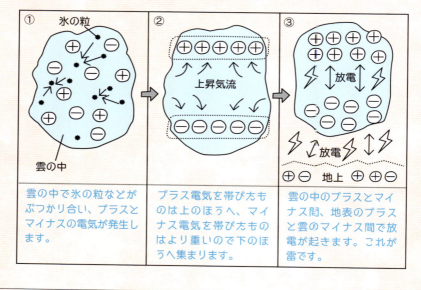

①	②	③
雲の中で氷の粒などがぶつかり合い、プラスとマイナスの電気が発生します。	プラス電気を帯びたものは上のほうへ、マイナス電気を帯びたものはより重いので下のほうへ集まります。	雲の中のプラスとマイナス間、地表のプラスと雲のマイナス間で放電が起きます。これが雷です。

② 雷の音に違いがあるのはなぜ？

A 雲の中での放電と、雲と地上間での放電で聞こえ方が変わります。

雲の中での放電はこもったような音でゴロゴロと、雲と地表間での放電ははっきりとした音でバリバリやドドーンと聞こえます。空気中に電気が流れると、まわりの空気が急激にふくらみ、衝撃とともに大きな音が鳴るのです。

鹿児島県の桜島で発生した火山雷。火山雷は噴火口付近に現われます。

Q3 噴火したときにも雷は起きるの？

A 起きます。しかし、ふつうの雷とは仕組みが異なります。

火山の噴煙の中で起こる雷は、雲と地表の間で放電が起きているのではありません。水蒸気や火山礫など、火山の噴出物がぶつかり合うことで静電気が発生し、それを放電しているのです。これを「火山雷（かざんらい）」と言い、噴火口付近で起こります。

世界の雷の神

雷は、日本では風神と対になる雷神として畏怖の対象となってきました。ほかの国でも神として崇められることが多く、ギリシャ神話においては最高神ゼウスが雷の神としての性格を持っています。また、北欧神話ではトールという神が雷を自在に操るハンマーを持っています。

トールと巨人の戦いを描くモルデン・エステル・ヴィンゲの作品。雷を起こすハンマー「ミョルニル」を手にし、駆けると雷鳴を立てる馬車に乗ると言われます。

超美麗!
自然現象
鑑賞スポット

カラフルな世界

ミドル島のピンクレイク（オーストラリア連邦）

オーストラリアのミドル島にあるヒリアー湖は、一年中ピンク色をしています。ピンク色の正体は、水中に生息する細菌らしいのですが、詳しいことはまだ明らかになっていません。

ダロル火山の変色火口（エチオピア共和国）

エチオピアのダロル火山は、陸上で最も低い場所に火口を持つ火山です。ダナキル砂漠の中にあり、日中の気温は70℃になることもあります。バクテリア、塩、硫黄によって鮮やかな色になりました。

ハワイのレインボーユーカリ（アメリカ合衆国）

ハワイや東南アジアに自生するレインボーユーカリの特徴はカラフルに変色する樹皮です。はがれたばかりのときは緑色ですが、青から紫、オレンジ、赤、栗色と変化していきます。樹皮は場所によって異なるタイミングではがれるので、1本の木の幹が虹色のようになるのです。

Q 地球の最初の生命はどんな姿をしていたの?

最初の生命が誕生したのは、海の底だったと考えられています。

石垣島の海(沖縄県)

A
1つの小さな
細胞でした。

はっきりした核を持たない生物（原核生物）
だったと考えられています。

Q 地球の最初の生命はどんな姿をしていたの？

増えた時期もあれば、
急激に減った時期もあります。

最初の生命は、約40億年前、海底の熱水噴出孔の周辺で生まれたと考えられています。隕石の落下や微惑星との衝突によって、初期の地球の海中に、生命のもとになる有機物が生まれ、それが熱水噴出孔の熱などによって化学反応をし、最初の生命になったという説です。ほかにも、海に落ちた雷の影響で誕生した説、宇宙の彼方からやってきた説などさまざまあり、生命の起源については、議論が続いています。

地球の生命にとっての
最初の大きな転機はいつ？

A　いまから24億5000万年ほど前の「大酸化イベント」です。

最初の生命誕生から約10億年後、つまりいまから27億年ほど前に、光合成を行なう微生物「シアノバクテリア」が誕生しました。これらが急激に繁殖したことで、大気が酸素でいっぱいになったと考えられています。これを「大酸化イベント」と言い、その後に生物が地表に上がる素地となりました。

シャーク湾（オーストラリア）に広がるストロマトライトは、シアノバクテリアの死骸と堆積物が何層にもわたって積み重なり形成されたものです。

Q2 生物の種類が増えた時期ってあるの?

A あります。カンブリア大爆発が有名です。

いまからおよそ5億4100万年前に、生物種が爆発的に増えたと考えられています。カンブリア紀と呼ばれる時代であったことから、「カンブリア大爆発」と呼ばれています。生物種が多様化したのみならず、機能も飛躍的に進化したと考えられ、硬い殻と関節を持つ節足動物が繁栄し、背骨を持つ脊椎動物も誕生しました。また、眼(複眼)を持つ動物が現われたのもこの時期です。

カンブリア紀(約5億4100万年前〜約4億8500万年前)最大の生物種と言われているアノマロカリス。

約4億8500万年前に始まるデボン紀に登場した巨大魚類ダンクルオステウス。

デボン紀に登場し、陸上生活に初めて適応した両生類イクチオステガ。

Q3 カンブリア紀などの生物がいまの地球にいないのはなぜ?

A 大量絶滅が原因です。

生物の大量絶滅というと、恐竜を滅ぼした約6600万年前のものが有名ですが、じつはそれ以前にも4度にわたり生物の大量絶滅が起こっています。とくに約2億5200万年前(ペルム紀と三畳紀の間)に起きた大量絶滅が史上最大規模のもので、生物種の90%以上がいなくなったと考えられています。大噴火が起き、大量の火山灰で太陽光が遮られ、急激に寒冷化したのが原因とされています。これによりカンブリア紀以来の生態系がリセットされ、深海などにわずかに残った生物から爬虫類が台頭してきたと考えられているのです。

カンブリア紀の海のイメージ。体長1mのアノマロカリスが泳いでいます。

Q
世界で多く採れる化石の種類はなに？

アンモナイトの化石（モロッコ）

A
アンモナイトや
有孔虫です。

時代を封じ込めた化石は、古代を知る手がかりです。

Q 世界で多く採れる化石の種類はなに？

アンモナイトや三葉虫のように世界の広範囲に分布し、生きていた期間が限られていた生物の化石は、地層ができた年代を調べる際の目安となります。このような化石を「示準化石」と言います。また、昔の環境が分かる化石を「示相化石」と言います。たとえば、地層から珊瑚の化石が出てきたら、暖かい地域の浅い海にできた地層だということが分かります。

新生代に登場したメタセコイアの葉の化石。植物の化石の多くは、地中深くで堆積物に圧縮されることにより、腐敗することなく残されます。

化石はどうやってできるの？

A 生物の死骸などが岩石の成分に置き換えられてできます。

泥や砂が生物の死骸を覆うことで、死骸の骨などの成分が、長い年月をかけて、周囲の水中に存在した珪酸などの成分に置き換えられることでできます。化石として残りやすいのは、骨や殻などのかたい部分ですが、乾燥した状態で埋もれた葉っぱ、動物の足跡や糞なども化石になることがあります。

カンブリア紀に登場した三葉虫類の化石。

Q2 有孔虫ってどんな生き物？

A 世界の海中に生息している小さな原生動物です。

有孔虫は、海洋を漂っている浮遊性有孔虫と海底の泥に潜っている底生有孔虫に分類されます。有孔虫は現在約4000種類、化石も合わせると3万5000種以上が知られています。見つかっている最古の有孔虫の化石は、カンブリア紀のもので、約5億年前から現在まで形を変えて生きてきたことになります。長い時代を生きてきた有孔虫の化石は、海の環境の変遷を知る貴重な手がかりとなっています。

有孔虫の大きさは0.1〜数mm程度。土産品として売られている「星の砂」も有孔虫です。

★COLUMN 18★
時代を閉じ込める琥珀(こはく)

琥珀は天然樹脂の化石です。バルト海沿岸で多く産出するため、ヨーロッパでは宝飾品として馴染みがあります。琥珀の中にはアリなどの虫が入っていることがあり、「虫入り琥珀」と呼ばれています。琥珀の中の虫はきれいな状態で残っているので、化石ができた当時の生物の形態や生態などを知る手がかりにもなります。2016年には恐竜の羽毛つきの尻尾を閉じ込めた琥珀が見つかりました。

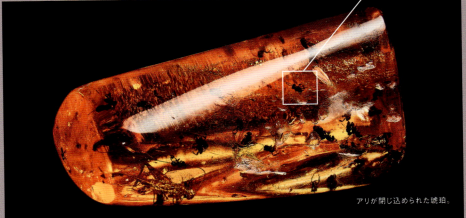

アリが閉じ込められた琥珀。

Q
恐竜はどうして絶滅したの？

出土したヴェロキラプトルの頭骨の化石。

A
巨大隕石が地球に
落下したからです。

Q 恐竜はどうして絶滅したの？

6600万年前に絶滅した恐竜は鳥の先祖でした。

恐竜は約6600万年前に絶滅したと言われています。その原因となったのは、メキシコのユカタン半島沖に落ちたとされる、直径10kmもの隕石です。落下時の衝撃も大きな被害をもたらしたことでしょうが、噴出物などによって火事が相次ぎ、その後、ちりや火災によって出た煤煙が太陽光を遮った結果、植物が死滅し、恐竜を含む多くの生物が絶滅したと考えられています。

ティラノサウルスは白亜紀に北アメリカ大陸に生息していた史上最大級の肉食恐竜です。

Q 恐竜は何種類いたの？

A 800種ほどです。
ただし、現在も年間20種以上の新種が見つかっています。

恐竜がいた時代は、地球史の中生代（2億5200万年前〜6600万年前）にあたり、中生代は、三畳紀・ジュラ紀・白亜紀の3紀に分類されます。三畳紀に初めて誕生した恐竜は体が小さく、そのぶん動きが素早かったと考えられています。その後、恐竜は大型化し、草食性で全長30mに達するアルゼンチノサウルスや、肉食性で全長12mのティラノサウルスなどが白亜紀末に登場しました。

大型化の一途を辿り、ジュラ紀に全盛期を迎えた首長竜。ディプロドクスやブラキオサウルスなどがよく知られています。

Q2 恐竜がいた時代、ほかにはどんな生物がいたの？

A 恐竜ではない爬虫類や哺乳類がいました。

中生代は恐竜をはじめとする爬虫類の時代です。恐竜以外にも、たとえば、海にはプレシオサウルスなどの首長竜が、空にはプテラノドンなどの翼竜がいました。また、三畳紀にはワニの祖先であるクルロタルシ類が恐竜と生存競争を繰り広げていました。人類の遠い祖先となる最初の哺乳類は三畳紀後期に登場。ネズミほどの大きさで、昆虫などを食べていたと考えられています。

Q3 恐竜に羽毛が生えていたって本当？

A 少なくとも一部の恐竜ではそうでした。

地球の長い生物進化史の中で、羽毛を持つ動物は、一部の恐竜と鳥だけです。羽毛の役割は時代とともに変化したと考えられています。最初は体温を保つためのもので、それが求愛行動のためのものになり、やがて飛ぶためのものに変わっていったと考えられています。

羽毛恐竜の一種、ヴェロキラプトル。

★COLUMN19★ 恐竜から鳥への進化

保温のために羽毛で全身を覆った恐竜が現われたのは、ジュラ紀のこと。やがて羽毛は運動の補助や求愛の装飾用として活用されることで左右対称の羽へと発達しました。その羽毛を飛翔用の風切り羽へと進化させ、同時に肩や腕、足指の関節も変化し、やがて始祖鳥が登場。鳥へと近づいていきました。

アーケオプテリクス（始祖鳥）　ミクロラプトル　シノルニトサウルス　シノサウロプリテクス

Q
人類の祖先は
どこで生まれたの？

アフリカに暮らす少数民族のドルゼ族と世界遺産オモ川下流域の風景。現生人類(ホモ・サピエンス)は、アフリカの大地で誕生し、数万年をかけて世界に拡散していきました。

オモ川下流域（エチオピア）

A
アフリカです。

アフリカ大陸を南北に縦断するプレート境界をアフリカ大地溝帯と呼びます。その周辺では多くの初期人類の化石が発見されており、人類発祥の地と考えられています。

Q 人類の祖先はどこで生まれたの？

創造力と言語を獲得し、いま、私たちは生きている。

最初の人類はアフリカ東部の大地溝帯で産声を上げたと考えられています。ゴリラやチンパンジーなどの類人猿から分かれて、2本足で立ち、手で道具を使うことによって、人類は進化の道を歩み始めました。やがて多くの種が登場。生存競争を繰り広げながら、世界中に拡散していきました。

最古の人類について教えて！

A チャドで発見されたトゥーマイ猿人です。

現在、最古の人類とされているのは、2001年にアフリカのチャドで発見されたサヘラントロプス・チャデンシスです。約700万〜600万年前の人類で、トゥーマイ猿人と呼ばれています。アウストラロピテクスなどの猿人よりさらに古い人類の祖先で、初期猿人とも呼ばれ、森に住み、主に果実を食べていたと考えられています。道具は使わず、狩りも行なっていませんでしたが、直立2足歩行を始めたことによって手の自由を獲得し、脳を発達させていきました。

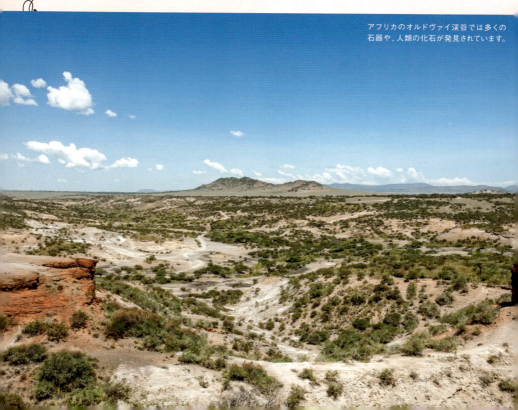

アフリカのオルドヴァイ渓谷では多くの石器や、人類の化石が発見されています。

② Q ネアンデルタール人が いまの人類に進化したのはいつごろ？

A じつは別系統の人類でした。

人類は猿人に始まり、原人、旧人（ネアンデルタール人）、新人（現生人類）の過程を経て進化してきたとされていました。しかし、その後の研究でさまざまな人類種が同時期に存在し、生存競争を繰り広げていたことが分かってきたのです。じつはホモ・ネアンデルタレンシス（ネアンデルタール人）とホモ・サピエンスは、ホモ・ハイデルベルゲンシスを共通の祖先とする異なる人類種で、20万年前から2万年前頃にかけて、共存していた形跡が認められています。

狩りを行なうネアンデルタール人。彼らは高い知能を持ち、集団で狩りを行なっていました。

③ Q 多くの人類のなかで、 ホモ・サピエンスだけがなぜ残ったの？

A 創造力と言語を獲得したからと言われています。

人類は進化の過程で、大脳のなかでもとくに、将来を予測し計画を立て感情をコントロールする前頭連合野を発達させてきました。ホモ・サピエンスは、同時期のホモ・ネアンデルタレンシスに体格では劣るものの、大脳を発達させた結果、衣服を縫い、舟を発明して海を渡り、洗練された石器を製作し、さらには言語によって意思疎通の手段を得て交易を行なうなどして、他の人類種より生存競争を優位に進めていったと考えられているのです。

★COLUMN20★

全人類共通の祖先が分かった!?

DNAの分析で分かりました

人類のDNAを遡ると、およそ20万年前のアフリカに暮らしていた一人の女性に至る……。これは1987年にアメリカの分子生物学者アラン・ウィルソンらが学術誌『ネイチャー』に発表したものです。世界各地の出身者147人の胎盤からミトコンドリアを採取してDNAを分析したところ、一人の女性にたどり着いたのです。人類は、父親と母親から受け継がれた、異なるDNAをそれぞれが持っています。ミトコンドリアDNAは、母親のものだけが子供に伝わるので、母親の系譜をたどれば、祖先を知ることができるのです。この女性は、聖書に登場する最初の女性にちなみ、「ミトコンドリア・イブ」と名付けられました。

Q
石油や石炭は
どうやってできたの？

油井において原油を汲み出す「ポンプジャック」。原油は古くから灯火や建材などとして人類の生活に利用されてきました。

大慶油田（中華人民共和国）

A
大昔の生物や植物が、
長い年月をかけて
変化したものです。

Q 石油や石炭はどうやってできたの？

日本の海の底にも資源がありました。

石油や石炭は、数億年という長い年月をかけてできた貴重な資源で、化石燃料と言われます。
石油は、恐竜が生きていた中生代に海や湖にいた生物の死骸が、
石炭は、古生代の石炭紀に生えていたシダの巨木などが、元になっています。
どちらも海や湖に沈み、土砂に埋もれ、熱や圧力によって地中で変化したものです。

Q なぜ中東には油田がたくさんあるの？

A 大陸移動によりこの地に集まったと考えられています。

超大陸パンゲアが存在していたころ、テチス海という海がありました。そこにいた生物の死骸が大量に堆積して原油になったと考えられています。原油は地層中を移動して、石油溜まりを形成。その場所が大陸移動によって現在の中東に移動したと考えられています。

夕闇に映える川崎市の石油コンビナート。

石油や石炭以外にも化石燃料はあるの？

A メタンハイドレート(メタン水和物)などがあります。

 メタンハイドレートは、メタンと水からなるゼリー状の物質。火を近づけると燃えて二酸化炭素と水になります。二酸化炭素の排出量が少ないクリーンエネルギーですが、地中の深いところや海底に埋蔵されていて、採掘が困難なため、本格的な実用化はまだされていません。

 レアメタルとレアアースってどう違うの？

A レアアースはレアメタルの一種です。

レアメタルは、地球上での存在量が稀であるか、需要があるにもかかわらず抽出が困難な元素のことです。レアアースはその中の一種で、希土類元素とも呼ばれ、パソコンや車などのハイテク製品に不可欠な資源です。レアアースは海底に豊富にあり、重要な「海底鉱物資源」となっています。レアアースを高濃度で含んでいる海底の泥をレアアース泥と言い、日本でも南鳥島周辺に超高濃度のものがあると言われています。

レアアース泥は、主に中央北太平洋と南東太平洋に分布しています。

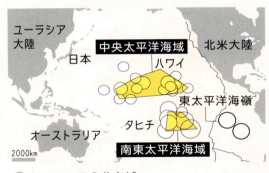

レアアース泥の分布

○ レアアースの分布域

レアアース泥以外の主な海底鉱物資源

海底熱水鉱床	海底から噴出する熱水に含まれる金属成分が沈殿してできた鉱床。
マンガン団塊	球形をした鉄やマンガン酸化物からなる堆積型の鉱物集合体。海底に広く広がっています。マンガンはレアメタルの一種です。
コバルトリッチクラスト	堆積型のコバルトの鉱物集合体。マンガン団塊と似ていますが、海山の斜面などに張り付いて存在する点が異なります。コバルトはレアメタルの一種です。

Q
地球のほかに
人が住めそうな星はあるの?

水と太陽と大地と緑がつくり出す絶景。
セリャラントスフォス（アイスランド）

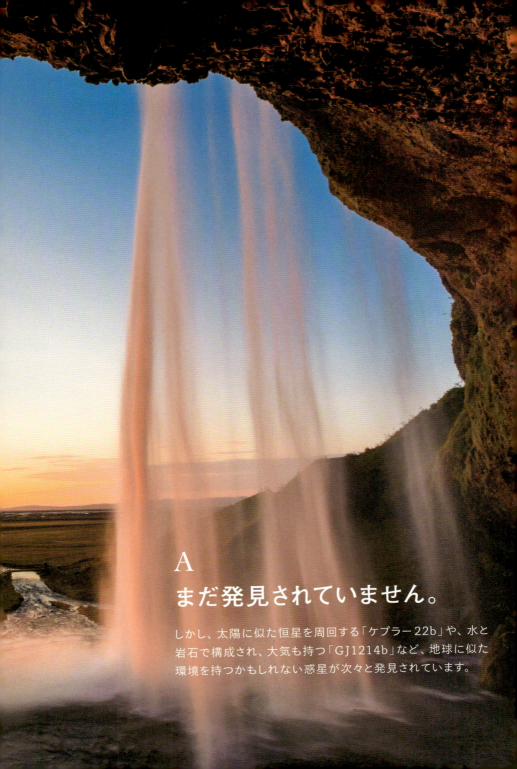

A
まだ発見されていません。

しかし、太陽に似た恒星を周回する「ケプラー22b」や、水と岩石で構成され、大気も持つ「GJ1214b」など、地球に似た環境を持つかもしれない惑星が次々と発見されています。

Q 地球のほかに人が住めそうな星はあるの？

未来の地球のために
考えておくべきこと。

太陽系の外にも惑星が続々と見つかり、いずれ地球に似た環境の星も見つかるのではないかと、期待が高まっています。しかし、人類が住むことのできる星は、いまのところ地球だけです。それなのに、この大切な地球も、酸性雨やオゾン層の破壊など、人類の手によって引き起こされた数々の問題に悩まされています。

Q 酸性雨ってなにが原因なの？

A 化石燃料を燃やしたときに排出される硫黄酸化物や窒素酸化物です。

酸性雨は硫黄酸化物や窒素酸化物などが溶け込んだ雨のことで、「酸性降下物」とも呼ばれています。この雨が地上に降ると、植物が枯れる原因になると考えられています。火山噴火のような自然現象によって、これらの酸化物がつくられます。近年では、工場からの煤煙や化石燃料の燃焼などが急増して、これらが大きく影響すると言われています。

酸性雨によって深刻なダメージを受けたドイツの森林。

② オゾン層の破壊はなにが原因なの?

A フロンガスの放出です。

フロンガスは、かつて冷蔵庫やクーラーなどに大量に使われていました。それらを解体するとき、空気中にフロンガスが放出され、大気中を上昇。オゾン層のある成層圏に達すると、フロンガスは紫外線によって分解され、塩素ができます。その塩素がオゾン層を破壊するのです。その結果、これまでオゾン層が吸収していた紫外線が地表に降り注ぐことになり、皮膚ガンや白内障にかかる人の増加が懸念されています。

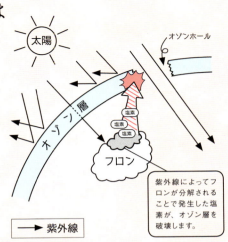

紫外線によってフロンが分解されることで発生した塩素が、オゾン層を破壊します。

→ 紫外線

---

③ 地球はなぜ温暖化しているの?

A 最大の原因は二酸化炭素の増加とされています。

主に化石燃料を燃やすことで発生する二酸化炭素が、技術の発展とともに激増し、温暖化を促進していると言われます。温暖化が進むと、自然災害や異常気象が増加。極地の氷が溶けて海面が上昇し、水没する場所が増えるとされています。これを防ぐために先進各国で自然エネルギーを活用するなど、二酸化炭素の排出を防ぐ努力が続けられています。

温暖化に伴う海面の上昇によって水没の危機に晒されるモルディヴの環礁群。

マンハッタンの夜景（ニューヨーク／アメリカ合衆国）

地球史年表
地球全史

地質年代	億年前	できごと
顕生代	0.66	小惑星衝突 恐竜が繁栄 哺乳類、鳥類が出現
	2.5	パンゲア超大陸の形成 [46ページ]
	5.0	魚類、陸上植物、両生類が出現
	5.41	カンブリア大爆発 [131ページ]
原生代	5.65	エディアカラ動物群 [37ページ]
	6.0	マリノアン氷期終わる
	6.7	全球凍結(マンノリアン氷期)、多細胞生物の出現
	7.3	全球凍結(スターチアン氷期)
	10.0	ロディニア超大陸の形成(〜7.0) [48ページ]
	18.0	ヌーナ超大陸の形成(13.0)
	20.0	真核生物の誕生
	23.0	全球凍結(ヒューロニアン氷期)
	24.5	大酸化イベント [130ページ]
太古代	27.0	シアノバクテリア誕生、酸素の発生 ケノーランド超大陸の形成
	29.5	ポンゴラ氷期(〜28.5)
	35.0	現存最古の生物化石
	39.0	生命の誕生 [128ページ]
冥王代	40.4	現存最古の岩石(アカスタ片麻岩)の形成
	41.0	隕石重爆撃(〜38.0)
		海洋の形成
	44.0	最古の鉱物の形成
	45.3	月の形成(ジャイアントインパクト) [42ページ]
	45.5	原始惑星衝突、地球の形成、マグマオーシャン [10ページ]
	46.0	地球の誕生

顕生代全史

地質年代		億年前	で　き　ご　と	
代	紀			
新生代	新第三紀	0.07 0.23	人類が誕生 [140ページ]、第四紀(0.026～) 日本海拡大	
	古第三紀		哺乳類の進化 大型鳥類の進化	
		0.66	恐竜絶滅 [138ページ]、哺乳類多様化	＜大量絶滅＞
中生代	白亜紀		鳥の誕生 恐竜の多種進化	
		1.45	被子植物が出現 恐竜巨大化	
	ジュラ紀		始祖鳥が登場 [139ページ] 巨大樹林	
		2.13		＜大量絶滅＞
	三畳紀		哺乳類が出現 恐竜が出現	
		2.52		＜大量絶滅＞
古生代	ペルム紀		パンゲア超大陸が形成 [48ページ] 巨大昆虫類が出現、単弓類が出現	
		2.99	裸子植物が出現 シダ植物が衰退 爬虫類が出現	
	石炭紀		シダ植物が大発生	
		3.59	裸子植物が出現	＜大量絶滅＞
	デボン紀		陸上動物が出現 両生類が出現、シダ類が森林を形成	
		4.19	昆虫・陸上植物が出現 魚類に鱗・顎が発生	
	シルル紀	4.43		＜大量絶滅＞
	オルドビス紀		魚類が出現	
		4.85		
	カンブリア紀			
		5.41	カンブリア大爆発 [131ページ]	

5000万年前 —
1億年前 —
2億年前 —
3億年前 —
4億年前 —
5億年前 —

セブンティ・アイランド（パラオ）

☆ 参考文献（刊行順）

『生命と地球の歴史』丸山茂徳・磯崎行雄(岩波書店) 1998

『地球環境システム』円城寺守編著(学文社) 2004

『図解雑学 鉱物・宝石の不思議』近山晶監修(ナツメ社) 2004

『楽しい気象観察図鑑』武田康男(草思社) 2005

『世界のおもしろ地形』白尾元理(誠文堂新光社) 2007

『深海の不思議』瀧澤美奈子(日本実業出版社) 2008

『図解 気象・天気のしくみがわかる事典』青木孝監修(成美堂出版) 2009

『人類の進化大図鑑』アリス・ロバーツ編著 馬場悠男監修(河出書房新社) 2012

『大人のための図鑑 地球・生命の大進化 46億年の物語』田近英一(新星出版社) 2012

『世界の火山図鑑』須藤茂(誠文堂新光社) 2013

『いちばんやさしい天気と気象の事典』武田康男(永岡書店) 2013

『地球の科学』佐藤暢(北樹出版) 2013

『増補版 鉱物・岩石入門』青木正博(誠文堂新光社) 2014

『ネオラディア大図鑑 WONDA地球』斉藤靖二(ポプラ社) 2014

『46億年の地球史図鑑』高橋典嗣(ベストセラーズ) 2014

『地球進化46億年の物語』ロバート・ヘイゼン、円城寺守監訳(講談社) 2014

『NHKスペシャル—生命大躍進』NHKスペシャル「生命大躍進」制作班(NHK出版) 2015

『地球の歴史(上)—水惑星の誕生』鎌田浩毅(中央公論新社) 2016

『地球の歴史(中)—生命の登場』鎌田浩毅(中央公論新社) 2016

『地球はなぜ「水の惑星」なのか』唐戸俊一郎(講談社) 2017

『温泉の科学』西川有司(日刊工業新聞社) 2017

★ 円城寺守

1943年、旧満州国生まれ。早稲田大学卒業、東京教育大学大学院修了。
理学博士。筑波大学講師、早稲田大学教授を経て、同大学名誉教授。専
門分野は、鉱床地質学、鉱石鉱物学、環境科学。著書に、『よくわかる岩石・
鉱物図鑑』(実業之日本社)、『地球進化46億年の物語』(監訳、講談社)など。

※紹介した内容のなかには諸説あるものもあります。

※イラストや文章はわかりやすく表現するため、一部省略している部分もあります。

写真提供

P006	NASA	P066	Jack Cook、Howard Perlman(USGS)
P008	NASA	P068	北奥耕一郎/アフロ
P009	NASA	P070	白崎良明/アフロ
P010	Christof Sonderegger/アフロ	P072	Bluegreen Pictures/アフロ
P014	鎌形久/アフロ	P073	蛯子渉/アフロ
P017	山田豊宏/アフロ	P074	Biosphoto/アフロ
P021	NASA	P078	Glasshouse Images/アフロ
P022	安部光雄/アフロ	P082	Ardea/アフロ
P025	JAXA	P086	纐纈育雄/アフロ
P026	マリンプレスジャパン/アフロ	P088	Science Photo Library/アフロ
P030	加藤文雄/アフロ	P089	Science Source/アフロ
P033	NASA	P090	古見きゅう/アフロ
P034	SIME/アフロ	P094	Juniors Bildarchiv/アフロ
P036	NASA	P098	鍵井靖章/アフロ
P037	Science Photo Library/アフロ	P102	峰脇英樹/アフロ
P038	角田展章/アフロ	P106	Ardea/アフロ
P042	Loop Images/アフロ	P110	館野二朗/アフロ
P045	浅井威史、田中道昭	P113	一般財団法人奈良県ビジターズビューロー
P046	Alamy/アフロ	P114	本橋昂明/アフロ
P050	高橋正郎/アフロ	P122	Barcroft Media/アフロ
P051	山梨将典/アフロ	P125	宮武健仁/アフロ
P051	清水誠司/アフロ	P126	Ardea/アフロ
P056	Science Faction/アフロ	P127	Prisma Bildagentur/アフロ
P059(下)	円城寺守	P128	古見きゅう/アフロ
P060	Photoshot/アフロ	P132	竹沢うるま/アフロ
P062(上)	円城寺守	P136	Science Faction/アフロ
P062(下)	円城寺守	P139	Alamy/アフロ
P063	Alamy/アフロ	P140	SIME/アフロ

カリジニ国立公園（ピルバラ／オーストラリア連邦）

世界でいちばん素敵な

地球の教室

2017年12月 1 日　　第 1 版発行
2024年 1 月 1 日　　第 8 刷発行

監修　　　　　円城寺守
編集　　　　　ロム・インターナショナル
写真　　　　　NASA、浅井威史、田中道昭、円城寺守
写真協力　　　アフロ、Fotolia
装丁　　　　　公平恵美
本文デザイン　柳原デザイン室

発行人　　　　塩見正孝
編集人　　　　神浦高志
販売営業　　　小川仙丈
　　　　　　　中村崇
　　　　　　　神浦絢子

印刷・製本　　図書印刷株式会社

発行　　　　　株式会社三才ブックス
　　　　　　　〒101-0041
　　　　　　　東京都千代田区神田須田町2-6-5 OS'85ビル
　　　　　　　TEL：03-3255-7995
　　　　　　　FAX：03-5298-3520
　　　　　　　http://www.sansaibooks.co.jp/
mail　　　　　info@sansaibooks.co.jp
facebook　　　https://www.facebook.com/yozora.kyoshitsu/
Twitter　　　　@hoshi_kyoshitsu
Instagram　　@suteki_na_kyoshitsu

※本書に掲載されている写真・記事などを無断掲載・無断転載することを固く禁じます。
※万一、乱丁・落丁のある場合は小社販売部宛てにお送りください。送料小社負担にてお取り替えいたします。

©三才ブックス2017